Indice

PRIMA PARTE: tecniche di biorisanamento *in situ* ed *ex situ* 3

Introduzione 3
Sistemi e processi di biorisanamento 5

Tecniche molecolari utilizzate nel biorisanamento 6
Identificazione e monitoraggio dei batteri 7
Monitoraggio delle variazioni della diversità batterica 8
Uso degli anticorpi per la determinazione dell'abbondanza microbica
e dei livelli enzimatici 11
Problemi delle tecniche molecolari 12

Microrganismi utilizzati nelle tecniche di biorisanamento *in situ* 13
Microrganismi d'interesse per l'ossidazione del metano 13
Degradazione di tricloroetilene (TCE) 14
Degradazione di trinitrotoluene (TNT) 14
Degradazione di composti piombo-organici 15
Degradazione di diossine 15
Degradazione degli idrocarburi derivanti da petrolio 16
Degradazione anaerobia degli idrocarburi derivanti da petrolio 16
Degradazione degli idrocarburi policiclici aromatici (PAH) 17
Biorisanamento di metalli 18
Trattamento dei rifiuti 19
Biomiglioramento 20

Il risanamento microbiologico *ex situ* 20
Trattamento microbiologico *ex situ* 23
Biosubstrati 24

Fattori che limitano il biorisanamento 24
Vantaggi e svantaggi del biorisanamento 24
Fisiologia dei microrganismi biodegradativi 25
Processi metabolici 25
Fattori tecnici che influiscono sul biorisanamento 26
Criteri non tecnici 27

Applicazione di microrganismi geneticamente modificati nel biorisanamento 28
Valutazione dei rischi per il rilascio di un OGM 30
Sopravvivenza degli OGM 30
Monitoraggio e controllo del bioprocesso 30
Il potenziale del biorisanamento 31
Strategie di ingegnerizzazione *in vivo* e *in vitro* 31
Miglioramento del catalizzatore 33
La necessità della via metabolica completa 34
Aumento della biodisponibilità del composto inquinante 35
Prolungamento della sopravvivenza del catalizzatore nell'ambiente 35

SECONDA PARTE: Biorisanamento di siti contaminati da idrocarburi 37

Introduzione 37
Ottimizzare l'efficacia del biorisanamento con la biostimolazione 39

Biorisanamento di suoli contaminati da idrocarburi 42
Conta microbica 43
Attività deidrogenasica 43
Test respirometrici 44
Test di biodegradazione in microcosmo 44
Composti bioindicatori 46
Impatto ecologico e determinazione della tossicità 47

Arricchimento di microrganismi degradativi in suoli inquinati da idrocarburi 47

Biodegradazione anaerobia degli idrocarburi 52
Idrocarburi alifatici 54
Idrocarburi aromatici 54
Benzene, toluene, etilbenzene e xilene 55
Idrocarburi policiclici aromatici 57

Biosurfattanti 57
Produzione di biosurfattanti da parte dei batteri 58
Coinvolgimento dei biosurfattanti nel biorisanamento da petrolio 59
Utilizzo dei biosurfattanti per il biorisanamento 60

Biorisanamento *ex situ* 61

Biorisanamento intrinseco 61

Conclusioni 63

Bibliografia 64

Prima parte - Tecniche di biorisanamento *in situ* ed *ex situ*

Introduzione

La contaminazione dei suoli, delle acque freatiche, dei sedimenti, delle acque superficiali e dell'aria è uno dei maggiori problemi a cui sta andando incontro il mondo industrializzato. La produzione a vasta scala di una varietà di composti chimici sta causando il deterioramento della qualità ambientale. Tra questi, i composti xenobiotici con una struttura chimica molto differente rispetto a quella dei composti organici naturali sono quelli più tossici e resistenti alla biodegradazione e tendono ad accumularsi nelle reti trofiche causando biomagnificazione (Iwamoto & Nasu, 2001) e seri problemi di salute per gli uomini. Sebbene molti composti inquinanti siano degradati efficacemente dai microrganismi, altri persistono e costituiscono una grave minaccia ambientale. La necessità di risanare siti contaminati ha portato allo sviluppo di nuove tecnologie volte alla distruzione dei composti inquinanti. Una di queste tecniche, il biorisanamento, utilizza il potenziale metabolico dei microrganismi al fine di decontaminare ambienti inquinati. In generale, le tecniche di biorisanamento prevedono modificazioni ambientali ottenute mediante aggiunta di nutrienti, aerazione forzata e aggiunta di appropriati organismi degradativi.

Il biorisanamento interessa frequentemente ambienti multifasici ed eterogenei, quali suoli in cui il contaminante è presente in associazione con le particelle di terreno, liquidi disciolti e gas. A causa di questa complessità, l'efficacia del biorisanamento necessita di un approccio multidisciplinare che coinvolge microbiologia, ingegneria, ecologia, geologia e chimica.

Il biorisanamento offre molti vantaggi rispetto alle tecnologie chimico-fisiche, in particolar modo per i contaminanti diluiti e sparsi su una vasta superficie (Boopathy, 2000). Il trattamento *in situ* è uno dei vantaggi più efficaci di questa tecnologia in quanto non prevede il trasporto di contaminanti e ha un impatto ambientale minimo. Il trattamento *in situ*, inoltre, può essere poco costoso, può distruggere selettivamente gli inquinanti organici senza danneggiare flora e fauna, e può essere usato per gli inquinanti che sono presenti a concentrazioni basse ma rilevanti dal punto di vista ambientale.

Le tecniche di biorisanamento sono state utilizzate con successo per decontaminare siti interessati da inquinamento di petrolio, bifenili policlorurati (PCB), tricloroetilene (TCE), percloroetilene (PCE), trinitrotoluene (TNT) e BTEX (benzene, toluene, etilene e xilene) ma è ancora una tecnologia immatura. Nonostante i microrganismi abbiano un ruolo chiave nei cicli biogeochimici e nei processi di biorisanamento, la conoscenza delle variazioni delle comunità microbiche durante il biorisanamento è infatti ancora limitata. Questo perché molti batteri di interesse ambientale non possono ancora essere messi in coltura con tecniche convenzionali di laboratorio e ciò ha frenato lo sviluppo del biorisanamento in campo. Non è ancora noto come poter valutare il contributo biologico all'efficacia del biorisanamento e come accertare l'impatto ambientale dello stesso. A causa della difficoltà tecniche nel monitoraggio dei batteri che degradano i contaminanti, il biorisanamento spesso incontra la difficoltà di identificare le misure da intraprendere in caso di fallimento della tecnica. Inoltre, la limitata conoscenza delle variazioni delle comunità microbiche durante il biorisanamento rende difficile valutare l'impatto di queste tecniche sugli ecosistemi. Per fortuna, il rapido progresso dei metodi di biologia molecolare ha facilitato lo studio della struttura delle comunità microbiche senza introdurre interferenze e permetterà in futuro l'ottimizzazione delle tecniche di biorisanamento. Le ricerche molecolari in campo ecologico sono senza dubbio utili per lo sviluppo di strategie per migliorare le tecniche di biorisanamento e per stimare le conseguenze, i benefici ed i rischi. Molte tipologie di inquinamento possano essere soggette a biorisanamento utilizzando tecnologie oggi disponibili, ma i composti chimicamente stabili quali i PCB o le dibenzo-*p*-diossine clorurate richiedono lo sviluppo di tecnologie innovative. Sebbene negli ultimi anni siano stati fatti sostanziali progressi nella riduzione dell'inquinamento industriale di tipo cronico, molti inconvenienti non sono ancora stati risolti e ancora oggi molti siti sono danneggiati da composti tossici di varia origine.

Il presente lavoro ha come obiettivo quello di fornire lo stato dell'arte sugli studi recenti riguardanti le popolazioni microbiche di particolare interesse per il biorisanamento. Questo articolo, inoltre, riassume gli esempi recenti e le applicazioni utili delle tecniche molecolari per il biorisanamento di siti inquinati.

Sistemi e processi di biorisanamento

Le tecniche di biorisanamento possono essere classificate come *ex situ* o *in situ* (Boopathy, 2000). Le prime sono trattamenti che prevedono la rimozione fisica del materiale contaminato per i processi di trattamento, mentre le seconde prevedono il trattamento del materiale contaminato sul posto. Questi sono alcuni esempi di biorisanamento *ex situ* ed *in situ*:

- *Agricoltura*: trattamenti su fase solida per suoli contaminati (*ex situ* ed *in situ*)
- *Compostaggio*: processi aerobici e termofili in cui il materiale contaminato è presente insieme ad un composto più abbondante, può essere statica o aerata
- *Bioreattori*: biodegradazione in contenitori o reattori, usata per trattare liquidi o impasti liquidi
- *Bioventilazione*: trattamento di suoli contaminati mediante insufflaggio di ossigeno attraverso il suolo per stimolare l'attività microbica
- *Biofiltri*: uso di colonne con filtri per trattare emissioni d'aria.
- *Bioattenuazione*: è un metodo per monitorare il naturale avanzamento della degradazione per assicurarsi che il processo di biodegradazione diminuisca con il tempo in punti di campionamento selezionati. E' spesso un metodo per ripulire suoli e falde idriche contaminati da petrolio.
- *Biomiglioramento*: è un modo per aumentare le capacità biodegradative di siti contaminati per mezzo dell'inoculo di batteri con capacità catalitiche desiderate. Questo è un approccio efficace nel caso di composti molto difficile da degradare ma ha lo svantaggio di avere effetti sconosciuti sugli ecosistemi. E' necessario accertarsi che i batteri inoculati muoiano dopo il risanamento e che non influenzino la comunità microbica indigena per un lungo periodo. Uno dei primi esperimenti di biomiglioramento è stato effettuato in Giappone nel 2000 utilizzando *Ralstonia eutropha* KT-1, un batterio in grado di utilizzare fenolo originariamente isolato dallo stesso sito contaminato (Iwamoto & Nasu, 2001). Un'area di sviluppo del biorisanamento è l'utilizzo di microrganismi GM. Famoso è stato l'esperimento effettuato con il batterio modificato *Burkholderia cepacia* $PR1_{301}$, condotto negli Stati Uniti dopo uno studio accurato in laboratorio (Watanabe & Baker, 2000). Il batterio è stato in grado di degradare TCE utilizzando lattato come substrato ed evitando così l'uso di toluene o fenolo.

- **Biostimolazione**: se non avviene la degradazione naturale o se questa è troppo lenta, è necessario stimolare la biodegradazione con la biostimolazione. Questa include l'aggiunta di nutrienti quali azoto e fosforo, con accettori di elettroni come l'ossigeno, e l'aggiunta di substrati quali metano, fenolo e toluene. Alcuni di questi additivi chimici usati come substrati (ad es. fenolo e toluene) sono note sostanze tossiche e quindi la loro concentrazione dovrebbe essere monitorata attentamente, ma nonostante tutto la biostimolazione è in linea di massima una tecnologia attendibile e sicura.
- **Biorisanamento intrinseco**: biorisanamento che non richiede alcun intervento ad eccezione del monitoraggio
- **Pompaggio e trattamento**: pompaggio di acqua freatica in superficie, trattamento e reimmissione in falda

Il biorisanamento offre molti vantaggi rispetto alle tecniche convenzionali quali l'incenerimento. Esso può essere fatto sul sito, è spesso poco costoso e ha un impatto ambientale è minimo, elimina i rifiuti in maniera permanente, è ben accolto dall'opinione pubblica e può essere applicato insieme a trattamenti fisici o chimici. In aggiunta, le tecniche *in situ* presentano ulteriori vantaggi perché eliminano i costi di trasporto, degradano le sostanze inquinanti in modo definitivo, hanno un impatto minimo sull'ecosistema, possono essere applicate per contaminanti diluiti e non sono eccessivamente costose.

Tecniche molecolari utilizzate nel biorisanamento

Al fine di migliorare le tecniche di biorisanamento in campo e stimare il suo impatto sugli ecosistemi, è necessario analizzare le comunità microbiche che prendono parte al biorisanamento. Per perseguire questo scopo sono state sviluppate e applicate tecniche di biologia molecolare per identificare i microrganismi per mezzo di marcatori molecolari.

Identificazione e monitoraggio dei batteri

L'identificazione a livello di singola cellula di batteri specifici in comunità complessa è ottenuta mediante tecniche note ed efficienti. L'**idridazione *in situ* fluorescente (FISH)** (Fig. 1) con sonde oligonucleotidiche marcate di rRNA è stata utilizzata con successo negli studi di ecologia microbica. Le molecole di rRNA, infatti, comprendono domini molto conservati frammisti a regioni più variabili (Gutell *et al.*, 1994). Le sequenze di rRNA quindi sono comunemente usate per costruire alberi filogenetici. Le cellule che mostrano ibridazione specifica con le sonde marcate possono essere identificate e contate con tecniche di microscopia a fluorescenza o più velocemente con l'analisi mediante citofluorimentria a flusso. Il problema dell'utilizzo della FISH negli studi riguardanti comunità batteriche naturali è la sensibilità della tecnica. L'uso della metodica FISH standard con sonde marcate con isotiocianato di fluoresceina fornisce un segnale forte solo se le cellule contengono un gran numero di molecole di rRNA. Per aumentare la sensibilità della FISH è possibile usare come marcatore l'acido 2-idrossi-3-naftoico 2'-fenilanilide fosfato (HNPP) e il Fast Red TR, i quali incrementano i segnali di fluorescenza di otto volte se comparati con la FISH standard.

L'ibridazione *in situ* e sull'intera cellula è utilizzata anche per determinare l'attività *in situ* dei microrganismi (Power at al, 1998). I trascritti *in vitro*, marcati con molecole reporter (quali biotina e digossigenina), possono essere usati per individuare specifiche sequenze di mRNA all'interno di cellule batteriche nella stessa maniera in cui si usano le sonde oligonucleotidiche. Questo metodo è estremamente efficace per la determinazione dell'attività di specifici batteri all'interno delle popolazioni. La difficoltà nell'uso di sonde per marcare le molecole di mRNA sta nella natura transiente e nella quantità relativamente bassa del livello di trascritti mRNA. Questi fattori limitano l'individuazione dell'ibridazione per mezzo della microscopia. L'ibridazione *in situ* comunque è efficace nell'identificare e seguire specifiche cellule in situazioni naturali, al fine di comprendere le dinamiche di popolazione.

Un altro metodo molecolare usato negli studi ecologia microbica è la **PCR *in situ*** (Fig. 2). Questa tecnica è una modica della PCR in cui l'amplificazione e l'individuazione dei geni funzionali presenti in singola copia o in poche copie di cellule batteriche intatte che non possono essere individuate dalla FISH. Utilizzando una combinazione di trascrizione inversa *in situ* e PCR *in situ*, è possibile sapere in che modo l'espressione genica nelle cellule batteriche risponde alle condizioni ambientali. Chen *et al.* (1997) hanno usato questa tecnica per individuare *Pseudomonas putida* F1 che esprime il gene *tod C1* in acque marine esposte a vapori di toluene. Il recente sviluppo della PCR in tempo reale ha reso la PCR quantitativa molto più semplice. La PCR quantitativa partendo da un bulk di DNA da comunità batteriche naturali potrebbe essere un approccio efficace per monitorare i batteri d'interesse. Un recente studio (Nakamura *et al.*, 2000) ha monitorato con successo il numero di *Ralstonia eutropha* KT-1 durante esperimenti in campo di biomiglioramento in acque freatiche contaminate da TCE mediante PCR quantitativa su sequenze extrageniche palindromiche e ripetute. Una stima dell'abbondanza di un trascritto può essere determinata mediante MPN-PCR e PCR competitiva (Power at al, 1998). Queste tecniche forniscono un'indicazione del potenziale genetico della comunità microbica di degradare gli inquinanti. Rimane da determinare però se i risultati ottenuti mediante PCR siano rappresentativi del numero di microrganismi che contengono tali frammenti di DNA e se le vie biosintetiche degradative siano rappresentative della popolazione in quel particolare ambiente.

Monitoraggio delle variazioni della diversità batterica

L'influenza del biorisanamento sulle comunità microbiche è indispensabile per dimostrare la sicurezza del biorisanamento *in situ*. L'**elettroforesi su gradiente di gel denaturante (DGGE)** (Fig. 3) applicata su frammenti di rDNA 16S amplificati mediante PCR è una tecnica efficace e conveniente per determinare le differenze temporali o spaziali nelle popolazioni batteriche e per monitorare le variazioni nella diversità delle comunità batteriche. In questo metodo, i frammenti amplificati possono essere separati in bande distinte durante elettroforesi in gel di poliacrilammide con un gradiente linearmente crescente di un composto denaturante (ad es. una miscela di urea e formammide). Questa separazione è basata sulla diminuita mobilità elettroforetica delle molecole di DNA parzialmente denaturate nel gel. Nella DGGE, le molecole di DNA a doppio filamento si denaturano in base alla loro sequenza. La denaturazione parziale causa la loro migrazione fino all'arresto in una posizione definita, formando così bande distinte sul gel. Di conseguenza, la diversità di una comunità batterica può essere visualizzata in termini di sequenze di bande.

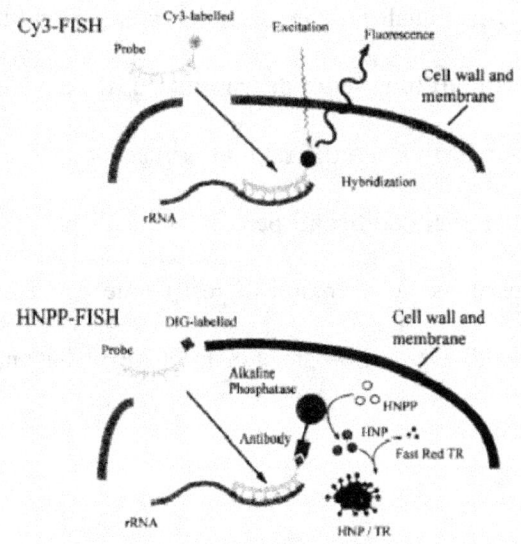

Figura 1. Principio della Cy-3 FISH e della HNPP-FISH (da Iwamoto & Nasu, 2001).

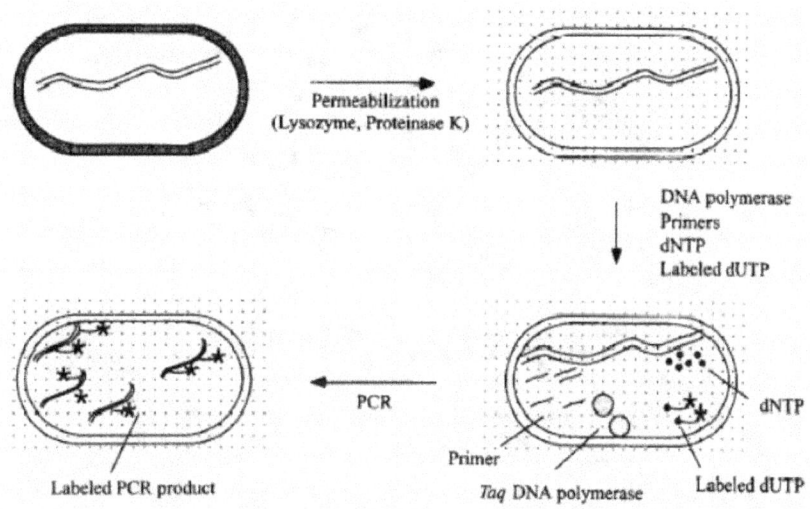

Figura 2. Principio della PCR *in situ* (da Iwamoto & Nasu, 2001).

Mediante il legame di una "morsa GC", cioè una sequenza ricca di guanine e citosine ai frammenti, possono essere individuate tutte le variazioni delle sequenze (Myers *et al.*, 1985). Le singole bande possono essere eluite, ri-amplificate e sequenziale o ibridizzate con sonde oligonucleotidiche per determinare la composizione della comunità batterica. Inoltre, l'analisi quantitativa della sequenza di bande rende la DGGE una tecnica molto potente per monitorare il comportamento delle comunità batteriche in un periodo lungo.

Un altro metodo efficiente per l'analisi della diversità nelle comunità microbiche in vari ambienti è l'individuazione di **polimorfismi di lunghezza di frammenti di restrizione con marcatura terminale (T-RFLP)** (Fig. 4). In questa metodica viene utilizzato un primer marcato con fluorocromi per amplificare una regione selezionata di geni batterici codificanti per l'rRNA 16S proveniente da un comunità microbica. I prodotti della PCR sono digeriti poi con enzimi di restrizione e il frammento con l'estremità marcata è misurato da un sequenziatore di DNA. Solitamente, la T-RFLP ha una risoluzione leggermente più alta rispetto alla DGGE.

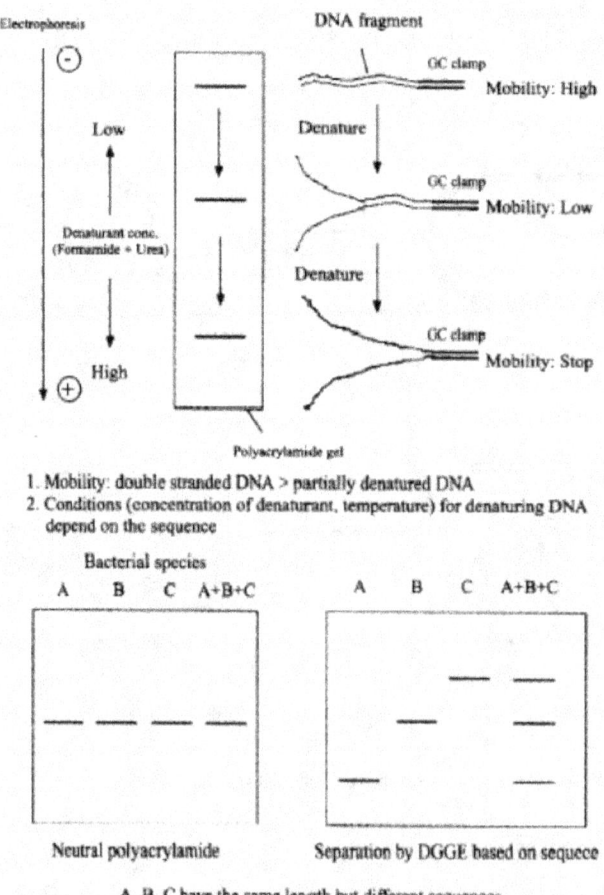

Figura 3. Principio della DGGE (da Iwamoto & Nasu, 2001).

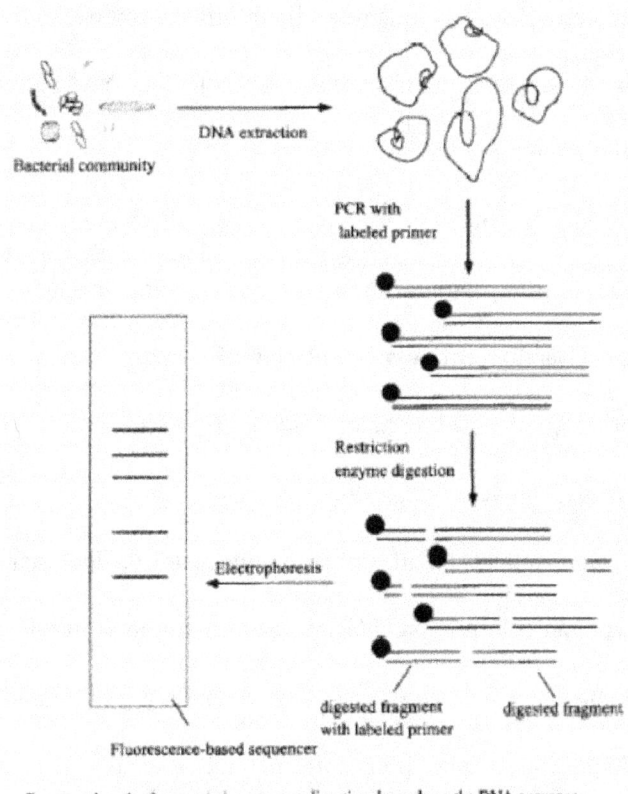

Figura 4. Principio della T-RFLP (da Iwamoto & Nasu, 2001).

Uso degli anticorpi per la determinazione dell'abbondanza microbica e dei livelli enzimatici in sistemi modello ed in ambienti inquinati

L'attività degradativa per uno specifico inquinante in un determinato ambiente è funzione del numero di cellule microbiche che hanno questa capacità e il livello di espressione degli enzimi coinvolti nel catabolismo dell'inquinante. Il livello di attività enzimatica dipende dalla presenza dell'inquinante e dalla sua disponibilità ma può anche essere influenzato dalla disponibilità di fonti di carbonio alternative, spesso presenti in concentrazioni che sono da 10 a 100 volte più alte dell'inquinante (Power *et al.*, 1998).

Gli anticorpi possono essere utilizzati per identificare specifiche cellule o proteine al fine di stimare il potenziale biodegradativo di uno specifico sito, al posto di o insieme ai marcatori genetici. Gli anticorpi specifici possono essere un metodo rapido e sensibile per l'individuazione e la quantificazione di alcuni organismi, fornendo informazioni circa la quantità di proteine e quindi i livelli di espressione di uno specifico gruppo di microrganismi. L'uso combinato di anticorpi per determinanti antigenici presenti sulla superficie della parete o della membrana batterica oppure sugli enzimi, può indicare la capacità degradativa dei batteri in un particolare sito, a patto che l'anticorpo sia sufficientemente specifico da distinguere la proteina o la cellula bersaglio da altre presenti. La facilità e la rapidità dei saggi con antibiotici li rende adatti per gli studi in campo. Usando **anticorpi policlonali**, questa tecnica ha dato buoni risultati nell'individuazione di batteri in grado di degradare acido nitrilotriacetico (NTA) (*Chelatobacter heintzii* e *Chelatocossus asaccharovorans*) (Power *et al.*, 1998).

Mediante questa tecnica è stato notato che in ambienti interessati da inquinamento cronico a basse dosi, quando un inquinante rappresenta solo una piccola frazione del carbonio totale disponibile, è probabile che non si verifichi crescita netta di popolazioni capaci di degradare l'inquinante. La degradazione quindi sembrerebbe avvenire mediante l'induzione di sistemi enzimatici necessariamente presenti, anche mediante bassi livelli costitutivi di attività enzimatica. La selezione di una popolazione microbica particolarmente attiva avviene solo in quelle situazioni in cui l'inquinante diventa il principale substrato carbonioso e la principale fonte di energia (Power *et al.*, 1998).

Problemi delle tecniche molecolari

Nonostante l'applicazione e le potenzialità delle tecniche di ecologia microbica elencate, rimane difficile estrapolare valutazioni della qualità ambientale a partire dai risultati ottenuti. Rimangono irrisolte, infatti, un numero di domande. Per esempio, quando sono presenti i microrganismi in grado di degradare un contaminante specifico, significa che questi sono gli unici a degradarlo? Questo ci assicura che il trattamento biologico rimuoverà effettivamente il contaminante? Cosa avviene quando le concentrazioni dell'inquinante sono molto basse rispetto ad altri substrati metabolizzabili? Come possiamo discriminare tra tossicità di un inquinante, i suoi prodotti di degradazione e le miscele di inquinanti?

Microrganismi utilizzati nelle tecniche di biorisanamento *in situ*

Un'importante caratteristica del biorisanamento sta nel fatto che esso è condotto in ambienti aperti non sterili che contengono una varietà di organismi. Tra tutti questi, i batteri, quali quelli in grado di degradare gli inquinanti, hanno solitamente in ruolo chiave nel biorisanamento, mentre altri organismi (ad es. funghi e protozoi) hanno un ruolo più marginale ma influiscono anch'essi sui processi chimici che hanno luogo durante il biorisanamento (Watanabe, 2001).

Negli ultimi due decenni, le tecnologie molecolari, quali l'analisi dell' rRNA, sono state impiegate per studiare l'ecologia microbica. Queste nuove tecniche hanno facilitato l'analisi delle popolazioni microbiche in ambienti naturali, diminuendo così la necessità di utilizzare colture microbiche. I microbiologi hanno infatti compreso che le popolazioni microbiche naturali sono molto diverse da quelle derivanti da microrganismi isolati. Questo è anche il caso dei microrganismi che degradano i composti inquinanti. Ciò implica che gli ambienti naturali ospitano una vasta gamma di microrganismi non identificati che presentano attività catalitica nei confronti degli inquinanti e che quindi hanno un ruolo cruciale nel biorisanamento.

Microrganismi d'interesse per l'ossidazione del metano

Gli studi sul biorisanamento hanno avuto origine con l'isolamento di uno o più microrganismi in grado di degradare specifiche sostanze inquinanti. In ogni caso, i metodi convenzionali per l'isolamento hanno permesso l'isolamento solo di una frazione dei microrganismi in grado di degradare gli inquinanti nell'ambiente.

La maggior parte dei microrganismi isolati, inoltre, hanno mostrato cinetiche di degradazione che differiscono da quelle osservate negli ambienti naturali (Watanabe & Baker, 2000). Per esempio, i microrganismi metanotrofi coltivati in laboratorio mostrano costanti di saturazione per l'ossidazione di metano che sono da uno a tre ordini di grandezza maggiori di quelle osservate nel suolo. Recentemente, Radajewski *et al.* (2000), utilizzando analisi di filogenetica molecolare mediante DNA marcato con isotopi hanno identificato con successo due nuovi metanotrofi che degradano attivamente il metano in ambiente naturale. Le tecniche molecolari sul gene dell'rRNA 16S e sui geni che codificano enzimi coinvolti in passaggi metabolici importanti (ad es. quelli della metano monossigenasi) sono state applicate per analizzare i metanotrofi presenti nelle risaie, nei laghi e nelle foreste. I microrganismi metanotrofi sono da sempre considerati importanti perché riducono l'emissione di metano, un gas serra, dal suolo e dai sedimenti. Inoltre, i metanotrofi co-metabolizzano il TCE e quindi per biorisanamento di TCE sono impiegate spesso aggiunte di metano per stimolare l'attività TCE-degradativa dei metanotrofi. Le tecniche impiegate per lo studio dei metanotrofi comprendono l'elettroforesi su gradiente di gel denaturante (DGGE) applicata su rDNA 16S amplificato e frammenti del gene della metano ossigenasi (Iwamoto *et al.*, 2000).

Degradazione di tricloroetilene (TCE)

Gli etani clorurati e gli etani sono usati come solventi in molti processi industriali. Il TCE, in particolare, è molto tossico e si accumula nelle catene trofiche. I microrganismi in grado di metabolizzare TCE come unica fonte di energia utilizzano un tipo speciale di metabolismo, chiamato **co-metabolismo**. In questo tipo di metabolismo, i microrganismi degradano il TCE utilizzando l'enzima sintetizzato per degradarre il substrato primario. Tra i microrganismi in grado di co-metabolizzare il TCE ricordiamo metanotrofi, fenolo-ossidanti, ammonio-ossidanti, toluene-ossidanti e utilizzatori di propene. La bassa specificità dei loro enzimi catabolici permettono la conversione di TCE in epossidi, che poi sono idrolizzati in prodotti polari biodegradabili (ad es. acido formico, glisossilico e dicloroacetico). Infine, un altro problema consiste nel fatto che il TCE può essere decloruraro anaerobicamente in un intermedio cancerogeno, il cloruro di vinile.

Degradazione di trinitrotoluene (TNT)

Il TNT è un esplosivo utilizzato per le munizioni nella pratica militare la cui fabbricazione e distribuzione provoca l'inquinamento di molti siti. Sebbene molti batteri aerobi abbiano la potenzialità di degradare i composti nitroaromatici, tra cui il TNT, non si sono finora verificati casi di biorisanamento con trattamenti aerobi. Al contrario, i batteri anaerobi quali clostridi, solfato-riduttori, metanogeni, alcune specie di *Desulfovibrio* e i batteri Fe(III)-riducenti possono ridurre i composti nitroaromatici. L'aggiunta di una fonte esterna di carbonio al suolo come acetato, amido solubile e glucosio, favorisce la formazione di condizioni anaerobiche che permettono le prime reazioni metaboliche della biodegradazione del TNT. Il migliore approccio per trattare siti contaminati da TNT sembra essere una sequenza alternata di processi anaerobi ed aerobi con aggiunta di particolari substrati appositamente sviluppati. La degradazione comporta una graduale trasformazione del TNT in triaminotoluene, il quale viene umificato e immobilizzato in modo irreversibile alla matrice del terreno. I lavori di bonifica vengono accompagnati da test ecotossicologici e da sperimentazioni finalizzate a definire il comportamento a lungo termine delle sostanze umificate. Il processo di trattamento e umificazione del TNT è oramai maturo per le applicazioni pratiche.

Degradazione di composti piombo-organici

Fino a pochi anni fa sono stati utilizzati in modo molto massiccio composti chimici organici del piombo per la produzione di carburanti. I composti organici del piombo più frequentemente usati erano il piombo-tetraetile, il piombo-tetrametile e composti misti metilici-etilici. Tali composti si sono rivelati in seguito altamente tossici e, a causa della loro elevata stabilità chimica e persistenza, hanno assunto una grande rilevanza per l'ambiente. Le sperimentazioni oggi sono principalmente mirate ad indagare la possibilità di applicazione di processi di risanamento basati sull'attacco microbiologico dei composto organici del piombo con decomposizione delle catene alchiliche. Questo approccio si basa quindi sulla decomposizione microbiologica dei componenti organici delle molecole inquinanti e sulla risultante detossificazione ed immobilizzazione del prodotto finale che permane nel suolo, rappresentato da piombo inorganico.

Degradazione di diossine

Lo sviluppo di processi di biorisanamento per rimuovere le diossine (ad es. dibenzo-*p*-diossine policlorurate e dibenzofurani policlorurati) è una sfida per i microbiologi e gli ingegneri ambientali. *Sphingomonas* sp. RW1 ha un sistema per diossigenare le diossine ma degrada solo le dibenzo-*p*-diossine a basso grado di clorurazione e i dibenzofurani. L'estensione della gamma di substrati di questi batteri potrebbe essere ottenuta mediante mutagenesi della subunità alfa della diossigenasi cataliticamente attiva. Al contrario dei batteri, il micelio di alcuni funghi *(Phanerochaete chrysosporium* e *Phanerochaete sordida)* produce per ossidasi che degradano molte dibenzo-*p*-diossine policlorurate.

Degradazione degli idrocarburi derivanti da petrolio

Molte tecniche molecolari sono state utilizzate anche per analizzare le popolazione batteriche presenti in ambienti marini contaminate da petrolio. Analisi DGGE condotte per il biorisanamento di spiagge sabbiose hanno mostrato che batteri appartenenti alla sottoclasse α dei *Proteobacteria* sono presenti in siti inquinati da petrolio ma non in quelli non inquinati (MacNaughton *et al.*, 1999). Altri esperimenti hanno dimostrato che i tipi di rDNA 16S appartenenti alla sottoclasse γ-*Proteobacteria*, ed in particolare quelli appartenenti ai gruppi *Pseudomonas* and *Cycloclasticus*, sono abbondanti sulla sabbia inquinata. Studi su rRNA hanno confermato che le popolazioni microbiche che presentano un'accelerazione della crescita in acqua marina dopo l'aggiunta di petrolio e fertilizzanti inorganici appartengono principalmente alla classe dei *Proteobacteria* ed al genere *Alcanivorax* (Chang *et al.*, 2000). Si può affermare quindi che alcuni gruppi di batteri si ritrovano frequentemente in ambienti marini contaminati da petrolio, sebbene non si possa escludere che altre popolazioni abbiano un ruolo fondamentale.

Degradazione anaerobica degli idrocarburi derivanti da petrolio

Dal momento che gli idrocarburi sono persistenti in condizioni anaerobiche, la contaminazione delle falde idriche costituisce un serio problema ambientale. Il clonaggio ed il sequenziamento di frammenti di rDNA 16S proveniente da Eubatteri ed Archeobatteri ha mostrato la diversità microbica in acquiferi da solventi idrocarburici e clorurati. Questo tipo di studi ha rilevato filotipi che sono strettamente correlati a *Syntrophus* spp. (ossidanti anaerobici di acidi organici con la produzione di acetato e idrogeno) e *Methanosaeta* spp. (metanogeni acetoclastici), suggerendo la loro associazione sintrofica. Associazioni sintrofiche tra batteri ed archeobatteri in grado di degradare molecole inquinanti quali l'esadecano ed il toluene sono state scoperte in ambienti contaminati da idrocarburi utilizzando tecniche che si basano sull'analisi del rRNA. Uno di questi consorzi comprendeva due specie di archeobatteri (appartenenti ai generi *Methanosaeta* e *Methanospirillum*) e due specie batteriche (uno appartenente al genere *Desulfotomaculum* e l'altro non correlato ad alcun genere descritto in precedenza) (Ficker et al, 1999).

L'ibridazione *in situ* fluorescente (FISH) con sonde gruppo-specifiche di rRNA è stata utilizzata per analizzare una comunità microbica denitrificante (gruppo baterico *Azoarcus/Thauera*) capace di degradare gli alchilbenzeni in *n*-alcani (Rabus *et al.*, 1999). I batteri appartenenti agli ε-*Proteobacteria* sono stati rilevati in falde contaminate da petrolio. Ancora, in acquiferi contaminati da petrolio sono state analizzate mediante analisi DGGE alcune comunità microbiche associate con la degradazione anaerobica del benzene in condizioni Fe(III)-riducenti (Rooney-Varga *et al.*, 1999) ed è stato notato che batteri ferroriducenti appartenenti a *Geobacter* spp. hanno un ruolo importante nell'ossidazione anaerobica del benzene. Infine, è stato evidenziato che filotipi solo lontanamente correlati ai generi conosciuti sopra riportati, rivestono grande importanza nelle comunità anaerobiche, suggerendo che molti dei processi di degradazione anaerobica degli idrocarburi sono ancora sconosciuti.

Degradazione degli idrocarburi policiclici aromatici (PAH)

Gli idrocarburi policiclici aromatici (PAH) sono composti di grande interesse pubblico a causa della loro persistenza nell'ambiente e dei potenziali effetti deleteri sulla salute umana. Essi sono composti di sintesi formati da bifenili che contengono da uno a dieci atomi di cloro e sono fluidi oleosi con particolari proprietà chimico-fisiche (alto punto di ebollizione, alta resistenza chimica, bassa conducibilità elettrica, alto indice di rifrazione). Grazie a queste proprietà, sono stati usati principalmente come isolanti, scambiatori di calore e plasticizzanti. Sebbene i PCB siano resistenti alla biodegradazione, è stato recentemente mostrato che alcuni batteri sono capaci di co-metabolizzarli. La bifenil ossigenasi ha un ruolo critico della biodegradazione dei PCB e per questo è il suo gene e altri coinvolti nel catabolismo dei PCB (*bph*A, *bph*B e *bph*C) sono stati clonati dal DNA cromosomiale di *Pseudomonas pseudoalcaligenes* KF707 e successivamente sequenziati. Recentemente è stato scoperto mediante analisi DGGE di rDNA 16S amplificato un consorzio microbico presente nel suolo in grado di mineralizzare rapidamente il benzopirene (Kanali *et al.*, 2000). L'analisi ha messo in luce una notevole somiglianza di questi microrganismi con i batteri capaci di degradare PAH ad alto peso molecolare (ad es. *Burkholderias*, *Sphingomonas* e *Mycobacterium*), ma non è stato ancora identificato il meccanismo di degradazione. Nei suoli, la ridotta biodisponibilità dei PAH a causa dell'assorbimento al materiale organico naturale è un fattore importante che controlla la loro biodegradazione. Friedrich *et al.* (2000) hanno dimostrato il coefficiente di assorbimento matriciale di un suolo influenza il tipo di batteri in grado di degradare il fenantrene presenti nel suolo stesso. E' stato anche dimostrato che l'applicazione di surfattanti sul suolo altera la popolazione microbica responsabile della degradazione del fenantrene. Questi risultati suggeriscono che gli ambienti naturali ospitano diverse popolazioni microbiche capaci di degradare i composti inquinanti ma solo poche popolazioni sono selezionate in base alle strategie di biorisanamento.

Biorisanamento di metalli

A causa della loro tossicità, la contaminazione ambientale da metalli costituisce un altro serio problema. Studi recenti hanno applicato tecniche molecolari per analizzare popolazione di eubatteri ed archeobatteri (Sandaa *et al.*, 1999) in grado di sopravvivere in ambienti contaminati da metalli. Comunità batteriche del suolo capaci di risanare suoli contaminati da metalli pesanti sono state identificate mediante analisi di rRNA, FISH, clonaggio e sequenziamento. E' stato mostrato che sequenze genomiche appartenenti ad *α-Proteobacteria* ed agli *Actinobacteria* sono simili a quelle presenti nelle librerie geniche di batteri che vivono in suoli contaminati da metalli. I meccanismi di detossificazione di alcuni di questi organismi sono molto utili per il biorisanamento dei metalli. Recentemente, il microrganismo tollerante a metalli pesanti *Ralstonia Eutropha* è stato modificato geneticamente per esprimere la metallotionina di topo sulla superficie cellulare (Valls *et al.*, 2000) e quindi è diventato in grado di diminuire l'effetto tossico di Cd^{2+} presente nel suolo nei confronti di piante di tabacco. Alcuni batteri riducono anaerobicamente il cromo esavalente, estremamente tossico e mutageno, nella forma trivalente meno tossica. E' stata inoltre studiata la bioprecipitazione per mezzo di batteri solfato-riducenti per convertire i solfati delle acque freatiche in idrogeno solforato che, a sua volta, reagisce con i metalli pesanti per formare solfuri di metalli insolubili quali solfuro di zinco e di cadimio. Infine, la biometilazione per ottenere derivati volatili quali dimetilselenide o trimetilarsina è un fenomeno ben noto catalizzato da una varietà di batteri, alghe e funghi.

Trattamento dei rifiuti

I consorzi microbici coinvolti nel trattamento delle acque di scarico sono un argomento di fondamentale importanza dell'ecologia microbica. Sono state recentemente analizzate le strutture e lo stato fisiologico di comunità batteriche presenti in un sistema di biorisanamento di fenolo (Whiteley & Bailey, 2000). Comparazioni fatte tra gli rRNA gruppo-specifici e i processi chimici hanno permesso di identificare alcuni gruppi filogenetici di batteri importanti per i processi di trattamento dei rifiuti. La diversità filogenetica delle comunità batteriche presenti nei bioreattori utilizzati nel trattamento delle acque reflue è analizzata solitamente usando tecniche basate sulla PCR quali il DGGE fingerprinting e il clonaggio di frammenti di rDNA 16S. Queste due tecniche hanno spesso il limite di rilevare filotipi simili ma difficilmente permettono di comprendere l'interpretazione quantitativa degli stessi. Una recente ricerca condotta usando una combinazione di clonaggio di rDNA 16S, ibridazione con sonde oligonucleotidiche per i batteri ammonio-ossidanti e il sequenziamento dei cloni positivi dopo l'ibridazione ha suggerito che nuove popolazioni simili al genere *Nitrosospira* sono i principali batteri ammonio-ossidanti in una zona di rizosfera interessata da trattamento di acque reflue (rizorisanamento) (Abd El Haleem *et al.*, 2000). Per identificare popolazioni microbiche responsabili della rimozione del fosforo in fanghi attivati, è stata analizzata la struttura di una popolazione batterica con la tecnica FISH in un reattore-studio con diversi tassi di rimozione del fosforo. La FISH è stata anche usata per analizzare popolazioni microbiche in granuli di fango e schiuma proveniente da fanghi attivati (Sekiguchi *et al.*, 1999).

La gel elettroforesi su gradiente di temperatura di frammenti amplificati di rDNA 16S è stata utilizzata per identificare i più importanti filotipi capaci di digerire i fenoli presenti nei fanghi attivati. La caratterizzazione fisiologica di batteri isolati corrispondenti a questi filotipi ha permesso di identificare la transizione microbica che ha causato problemi nel trattamento dei fenoli e ha consentito lo sviluppo di contromisure contro questi problemi.

Biomiglioramento

Il biomiglioramento è stato spesso utilizzato per accelerare il biorisanamento. E' desiderabile che l'introduzione di un microrganismo sia motivato al fine di dimostrare il suo contributo alla degradazione del composto inquinante e di accertare la sua influenza sull'ecosistema. Le tecniche molecolari usate per questo scopo prevedono il fingerprinting DGGE/TGGE di frammenti di rDNA 16S e hanno permesso di esaminare gli effetti del biomiglioramento sulla struttura delle comunità batteriche in una vasta gamma di situazioni: un sistema-studio con fanghi attivati sottoposti a trattamento con 3-cloroanilina (Boon *et al.*, 2000); un modello sperimentale con piante soggette a trattamenti di fenoli clorurati e mutilati (Eichner *et al.*, 2000); suoli contaminati da acido 2,4-diclorofenossiacetico (Dejhonge *et al.*, 2000).

Sono state inoltre usate analisi di PCR quantitativa su geni catabolici e *gyrB* (subunità B delle DNA girasi) al fine di monitorare i batteri introdotti in comunità microbiche complesse (ad es. quelle presenti in fanghi attivati e nel suolo). In alcuni casi, dove sono stati utilizzati OGM, il biorisanamento ha migliorato la biodegradazione degli inquinanti nell'ambiente grazie all'instaurarsi di trans-coniuganti in grado di degradare gli inquinanti piuttosto che per il diretto contributo degli organismi inoculati (Dejhonge *et al.*, 2000).

Il risanamento microbiologico *ex situ*

Osservando gli sviluppi tecnologici nel settore della bonifica di siti contaminati degli ultimi anni si può riconoscere una chiara tendenza all'applicazione di tecnologie di risanamento preferibilmente semplici e con impatto economico possibilmente basso. Interventi di risanamento *in situ* vengono preferibilmente adottati in casi specifici con condizioni geologiche favorevoli e dove lo sbancamento dei terreni contaminati pone particolari problemi. Essi però non sono generalmente idonei per la decontaminazione di grandi aree e di grandi quantitativi di terreno. Esperienze maturate in altri Stati europei hanno dimostrato che la maggior parte dell'operato nel settore del risanamento di siti contaminati è stato raggiunto mediante tecnologie *ex situ* (sbancamento e trattamento in impianti mobili o fissi).

Il trattamento *ex situ* può essere effettuato mediante tre tipi fondamentali di tecnologie:

- trattamento microbiologico
- lavaggio dei terreni
- trattamento termico

Per l'esecuzione di un intervento di risanamento microbiologico *ex situ* esistono diverse alternative, tutte mirate ad incentivare l'attività microbiologica nel terreno. La conduzione ottimale del processo di degradazione costituisce l'elemento chiave di questa tecnologia. Nonostante la semplicità teorica del processo, il raggiungimento degli obiettivi di bonifica in tempi e a costi competitivi dipende da una vasta serie di parametri di ottimizzazione il cui controllo richiede una grande esperienza applicativa.

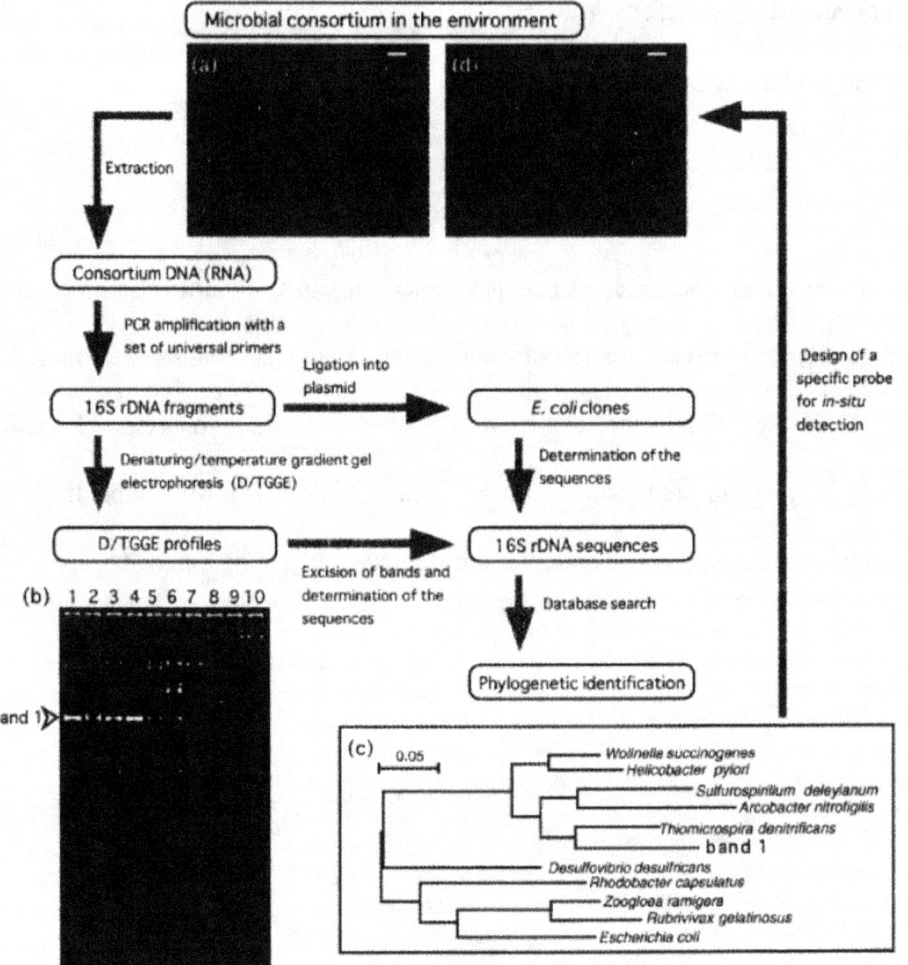

Figura 5. Schema tipico per analizzare un consorzio microbico usando metodi molecolari. Prima il DNA è estratto da un consorzio microbico presente nel sito e usato come temprato per una PCR al fine di amplificare i frammenti 16S dell'rRNA mediante primer universali. In seguito i prodotti della PCR (della stessa lunghezza ma con sequenze diverse) sono separati mediante D/TGGE oppure ogni prodotto è clonato in *E. coli*. I frammenti 16S rDNA sono poi sequenziati e le sequenze determinate sono comparate con quelle conservate in un database nucleotidico per identificare filogeneticamente le popolazioni osservate. Inoltre, le sequenze possono essere usate per sintetizzare una sonda nucleotidica per l'identificazione e la quantificazione di una specifica popolazione batterica mediante FISH. (a) Cellule trattate con DAPI mostrano la popolazione totale in un campione prelevato da una falda idrica. (b) I profili DGGE mostrano la diversità e l'abbondanza relativa di frammenti 16S rDNA amplificati mediante PCR. (c) Un albero filogenetico mostra la posizione della sequenza nella banda 1. (d) Cellule marcate con una sonda specifica di DNA per la popolazione della banda 1, un esempio di FISH (da Watanabe & Baker, 2000).

Trattamento microbiologico *ex situ*

Il trattamento microbiologico ex-situ può essere effettuato in linea di principio in tre differenti modi:

- Trattamento in bio-reattori
- Landfarming
- Trattamento in bio-pile

Il trattamento di terreni in bio-reattori è solitamente limitato ai casi di contaminazione da sostanze recalcitranti che richiedono particolari condizioni di trattamento (per es. combinazione aerobico – anaerobico). Il landfarming consiste nel collocare i terreni sbancati in un bacino confinato, eventualmente impermeabilizzato alla base. I terreni vengono distribuiti su tutta la superficie del bacino con uno spessore solitamente intorno a 0,5 metri. I terreni così allocati vengono quindi regolarmente movimentati con macchinari di tipo agricolo. La movimentazione garantisce una adeguata ossigenazione del terreno. Inoltre consente di addizionare nutrienti e umidità. Il metodo nettamente più diffuso è la degradazione in bio-pile. Esistono numerosissime alternative d'intervento per il biorisanamento in pile che vengono proposte sul mercato. Le principali alternative di trattamento in bio-pile si distinguono in:

- pile statiche o pile rivoltate regolarmente
- con o senza pretrattamento del terreno
- areazione forzata (insufflazione o aspirazione)
- cumuli omogenei o stratificati
- cumuli aperti o coperti

Per le applicazioni classiche del biorisanamento (trattamento di terreni contaminati da idrocarburi petroliferi) la configurazione di trattamento che negli ultimi anni si è maggiormente imposta può essere così sintetizzata:

- Pretrattamento (vagliatura, frantumazione, omogeneizzazione, aggiunta di biosubstrato e nutrienti)
- Stoccaggio in pile omogenee coperte
- Rivoltamento regolare per ossigenazione ed eventuale aggiunta di reagenti

Biosubstrati

La giusta scelta del biosubstrato che durante il pretrattamento viene miscelato al terreno contaminato è di fondamentale importanza in quanto esso svolge alcuni ruoli determinanti per la degradazione microbiologica. Innanzitutto deve alleggerire la struttura del terreno, renderla più soffice e facilitare quindi l'ossigenazione del materiale. Ha inoltre lo scopo di incrementare la carica organica e biologica del terreno e di creare uno substrato di base per la rapida crescita dei microrganismi. Biosubstrati classici possono essere trucioli di legni particolari, ceppati di corteccia o, in rari casi, anche paglia. In tutti i casi si tratta di materie prime che hanno un loro costo e che possono essere utilizzati a scopi più pregiati. Sono pertanto state ricercate possibilità di utilizzare almeno in parte biosubstrati costituiti da scarti di lavorazioni industriali ottenendo così la riduzione dei costi di trattamento e il riutilizzo anziché lo smaltimento di rifiuti.

Fattori che limitano il biorisanamento

Vantaggi e svantaggi del biorisanamento

Per la buona riuscita del biorisanamento è fondamentale avere i microrganismi adatti nel posto adatto e con i fattori ambientali adatti per la degradazione (Boopathy, 2000). Il biorisanamento ha però anche dei limiti (Tab. 1). Oltre ai composti chimici che non sono suscettibili di biodegradazione, come ad esempio i metalli pesanti, i radionuclidi e alcuni composti clorurati, in alcuni casi, il metabolismo microbico dei contaminanti può produrre metabolici tossici per gli stessi microrganismi. Il biorisanamento è quindi una procedura che deve essere adeguata alle condizioni sito-specifiche. Ciò significa che richiede studi su piccola scala e in laboratorio prima di procedere alla ripulitura del sito contaminato.

Fisiologia dei microrganismi biodegradativi

Un processo di biorisanamento è basato sulle attività di microrganismi eterotrofi aerobi o anaerobi. L'attività microbica dipende da un numero di parametri ambientali chimico-fisici. I fattori che agiscono direttamente sul biorisanamento sono le fonti di energia (donatori di elettroni), gli accettori di elettroni, i nutrienti, il pH, la temperatura, i substrati o i metaboliti inibitori. Una delle principali distinzioni tra suoli superficiali, zone di suolo più profonde e sedimenti di acque freatiche è il contenuto di sostanza organica. I suoli superficiali, che normalmente ricevono input regolari di materiale organico dalle piante, presentano un maggior contenuto di sostanza organica accompagnato da una grande diversità di colazioni microbiche e da un elevato numero di microrganismi. I suoli più profondi e i sedimenti delle acque freatiche hanno invece livelli di sostanza organica più bassi e quindi una minore diversità e un minore numero di microrganismi. I batteri diventano dominanti nella comunità microbica all'aumentare della profondità nel profilo del suolo, man mano che diminuisce il numero di altri organismi quali funghi o attinomiceti. Questo perché molti batteri hanno la capacità di utilizzare accettori di elettroni alternativi all'ossigeno. Altri fattori che controllano le popolazioni microbiche sono l'umidità, l'ossigeno disciolto e la temperatura.

Processi metabolici

Il metabolismo primario di un composto organico può essere definito come l'uso di un substrato come fonte di carbonio e di energia. Questo substrato funge da donatore di elettroni per la crescita microbica. L'applicazione del co-metabolismo al risanamento di xenobiotici è necessario nel caso in cui il composto non è una fonte di carbonio e di energia a causa della sua struttura molecolare e quindi non induce gli enzimi metabolici richiesti. Il co-metabolismo è il metabolismo di un composto che non funge da fonte di energia e di carbonio o che non è un nutriente essenziale, e che quindi può essere degradato solo in presenza di substrato primario in grado di indurre gli enzimi catabolici.

I processi aerobici sono caratterizzati da attività metaboliche che coinvolgono l'ossigeno come reagente. Le diossigenasi e le monoossigenasi sono due dei principali enzimi impiegati dagli organismi aerobi durante la trasformazione e la mineralizzazione degli xenobiotici. I microrganismi anaerobi si avvantaggiano invece di una gamma di accettori di elettroni che, in base alla loro disponibilità e alle condizioni redox prevalenti, includono nitrato, ferro, manganese, solfato e biossido di carbonio.

Fattori tecnici che influiscono sul biorisanamento

Fonti di energia - Una delle principali variabili che influisce sull'attività dei batteri è la disponibilità di sostanza organica ridotta che funge da fonte di energia. Se un contaminante sia una fonte di energia efficace per un organismo eterotrofo aerobio dipende dallo stato di ossidazione medio del carbonio nel materiale. In generale, alti stati di ossidazione corrispondono a minori rese energetiche che quindi forniscono un minore incentivo energetico per la biodegradazione.

Il risultato di ogni processo di degradazione dipende dai microrganismi (concentrazione di biomassa, diversità di popolazione, attività enzimatiche), dal substrato (caratteristiche fisico-chimiche, struttura molecolare e concentrazione) e da una gamma di fattori ambientali (pH, temperatura, umidità, disponibilità di accettori di elettroni, di fonti di carbonio e di energia). Questi parametri influiscono sul periodo di acclimatazione dei microrganismi sul substrato. La struttura molecolare e la concentrazione di contaminante hanno un grande effetto sulla fattibilità del biorisanamento e sul tipo di trasformazione microbica che avviene.

Biodisponibilità - Il tasso a cui le cellule dei microrganismi possono convertire i contaminanti durante il biorisanamento dipende dal tasso di assorbimento e di metabolismo del contaminante e dal tasso di trasferimento alla cellula (trasferimento di massa). L'aumento della capacità di conversione microbica non porta a tassi di trasformazione più alti quando il trasferimento di massa è un fattore limitante (Boopathy & Manning, 1998). Questo sembra essere il caso di molti suoli e sedimenti contaminati. La biodisponibilità di un contaminante è controllata da un numero di processi fisico-chimici quali l'assorbimento, il rilascio, la diffusione e il dissolvimento. Una ridotta disponibilità dei contaminanti nel suolo è spesso causata dal lento trasferimento di massa ai microrganismi degradativi. La diminuzione della biodisponibilità nel corso del tempo è determinata da reazioni di ossidazione chimica che incorporano i contaminanti nella sostanza organica naturale, dalla lenta diffusione in pori molto piccoli, dall'assorbimento nella sostanza organica e infine dalla formazione di film semi-rigidi intorno a liquidi in fase non acquosa (NAPL) con un'alta resistenza verso il trasferimento di massa NAPL-acqua. Questi problemi possono essere superati mediante l'uso di surfattanti, i quali aumentano la disponibilità di contaminanti per la degradazione microbica (Boopathy & Manning, 1998).

Bioattività e biochimica - Il termine bioattività è usato per indicare lo stato operativo di processi microbiologici. Migliorare la bioattività implica che le condizioni del sistema sono regolate per migliorare la biodegradazione (Blackburn & Hafker, 1993). Per esempio, se l'uso del biorisanamento richiede un certo tasso minimo, la regolazione delle condizioni per migliorare l'attività biodegradativa diventa importante e la configurazione del biorisanamento che rende possibile questo controllo ha un vantaggio rispetto a una che invece non ce l'ha. Le conversioni biochimiche favorevoli o sfavorevoli sono valutate in termini di rimozione dei composti inquinanti, di diminuzione della tossicità e di trasformazione dei composti in metaboliti misurabili. Queste attività biochimiche possono essere controllate in un'operazione *in situ* quando è possibile controllare e ottimizzare le condizioni per raggiungere un risultato desiderato.

Criteri non tecnici

Questi criteri includono la capacità di ottenere la ripulitura del sito, l'accettabilità del costo rispetto ad altre opzioni di biorisanamento, l'eventualità della permanenza di contaminanti residui dopo il biorisanamento (soprattutto nel caso di PCB, pesticidi, carbone, solventi clorurati e idrocarburi aromatici) il parere favorevole o sfavorevole dell'opinione pubblica, la legislazione che regolamenta la materia e i controlli di processo, l'eventuale uso di OGM, il non superamento dei tempi prefissati, la capacità di adottare un approccio multidisciplinare spesso invece verificato empiricamente, gli investimenti economici in tecnologia ed innovazione nel settore.

Applicazione di microrganismi geneticamente modificati nel biorisanamento

In generale, solo pochi esempi di applicazioni di OGM sono stati utilizzati in ecosistemi da risanare. L'unico modo per verificare la capacità degradativa degli OGM è quello di compiere studi in campo per acquisire informazioni utili per la determinazione dell'efficacia e dei rischi associati all'introduzione di questi microrganismi negli ecosistemi naturali.

L'uso futuro di organismi ingegnerizzati rimane incerto a causa dei costi ancora alti rispetto ad altre soluzioni tecniche. Il biorisanamento opera economicamente su margini di profitto molto bassi e quindi fino ad oggi non c'è stata la volontà di investire capitali nella ricerca di microrganismi GM in questo settore (Sayler & Ripp, 2000). Negli ultimi anni è stato isolato un gran numero di microrganismi in grado di degradare composti precedentemente considerati essere non degradabili (Timmis & Pieder, 1999). Nonostante la pressione selettiva dovuta agli inquinanti rende solitamente le popolazioni microbiche capaci di degradare nuovi inquinanti immessi nell'ambiente, si presenta la necessità di accelerare lo sviluppo di nuove attività microbiche che possano servire alle tecniche di biorisanamento.

La progettazione di biocatalizzatori "migliorati" coinvolge differenti aspetti dell'ottimizzazione, tra cui: creare nuove vie metaboliche; aumentare la gamma di substrati delle vie metaboliche esistenti; evitare l'instradamento del substrato verso vie non produttive o verso intermedi tossici o altamente reattivi; aumentare il flusso di substrati attraverso vie metaboliche che evitino l'accumulo di intermedi inibitori (ad es. catecoli); aumentare la stabilità genetica delle attività cataboliche; aumentare la biodisponibilità di inquinanti idrofobici; e infine, migliorare le proprietà dei microrganismi d'interesse per il processo che s'intende compiere.

Tabella 1. Fattori principali che influenzano il biorisanamento (rielaborata da Boopathy, 2000)

Microbici
- Crescita fino al raggiungimento della biomassa critica
- Mutazioni e trasferimento genico orizzontale
- Induzione enzimatica
- Produzione di metaboliti tossici
- Arricchimento di popolazioni microbiche degradative

Ambientali
- Carenza di substrati preferenziali
- Mancanza di nutrienti
- Condizioni ambientali inibitorie

Substrato
- Concentrazione di contaminanti troppo bassa
- Struttura chimica dei contaminanti
- Tossicità dei contaminanti
- Solubilità dei contaminanti

Processi aerobici e anaerobici
- Potenziale redox
- Disponibilità di accettori di elettroni
- Popolazione microbica presente nel sito

Substrato di crescita e co-metabolismo
- Tipo di contaminante
- Concentrazione
- Fonte di carbonio alternativa
- Interazioni microbiche (competizione, successione e predazione)

Biodisponibilità fisico-chimica dei composti inquinanti
- Equilibrio di assorbimento
- Assorbimento irreversibile
- Incorporazione nel materiale umico

Limitazioni del trasferimento di massa
- Diffusione e solubilità dell'ossigeno
- Diffusione di nutrienti
- Solubilità/miscibilità nell'acqua

Valutazione dei rischi per il rilascio di un OGM

Un impedimento agli studi sugli OGM è la scarsa conoscenza degli effetti negli ecosistemi naturali e sulla salute umana, anche nel caso di un loro impiego per il biorisanamento. Ciò ha portato la legislazione ad essere estremamente rigorosa e ha spinto i ricercatori a concentrare gli studi sull'ottimizzazione e commercializzazione di microrganismi presenti in natura e sul biorisanamento intrinseco. Un modo per superare molti problemi legati agli OGM è quello di creare OGM che siano vitali solo nelle condizioni ambientali selettive per le quali sono stati progettati (ad es. solo in presenza di uno specifico contaminante ambientale) o che contengano meccanismi di autodistruzione (geni suicidi o vettori) che possano essere indotti al momento necessario per eliminare la popolazione OGM. In base alle attuali conoscenze, tali strategie non possono assicurare la totale eliminazione di OGM dopo la loro introduzione nell'ambiente, e potrebbero rappresentare un rischio per la loro potenzialità di trasferimento orizzontale di materiale genetico.

Sopravvivenza degli OGM

L'eventuale sopravvivenza degli OGM nell'ambiente dopo il loro rilascio è difficile da predire. Si pensa che gli OGM mostrino una diminuzione della fitness a causa della domanda di energia supplementare imposta dall'introduzione di elementi genetici estranei e siano quindi non adatti a competere in condizioni normali (Giddings, 1998). Purtroppo questo non avviene in tutti i casi, considerando anche la vasta gamma di fattori ambientali che influenzano gli OGM, siano essi biotici (competizione e predazione) o abiotici (temperature, pH, umidità ed assorbimento).

Monitoraggio e controllo del bioprocesso

Una delle maggiori critiche al biorisanamento è l'incapacità di documentare l'efficacia di un potenziale processo di ripulitura senza l'uso di metodi costosi di chimica analitica quali la gas cromatografia e la spettrometria di massa (Sayler & Ripp, 2000). Nonostante il biorisanamento sia più economico dell'incenerimento o delle discariche, esso può diventare più costoso quando si considera la spesa aggiuntiva per il continuo monitoraggio del sito. Per questo motivo è fondamentale progettare OGM in grado di sviluppare luminescenza quando sono fisiologicamente attivi durante un processo di biorisanamento. L'utilizzo di sistemi basati sul gene *lux*, consente di monitorare il processo di biorisanamento per più motivi: la bioluminescenza è facilmente individuabile e non richiede aggiunte di sostanze costose; la produzione di bioluminescenza non richiede l'aggiunta di composti chimici o cofattori esogeni; la bioluminescenza può essere monitorata direttamente e continuamente, fornendo un profilo in tempo reale del processo; e infine, l'uso di microrganismi intatti come sensori chimici permette il monitoraggio della biodisponibilità del contaminante e non solo della sua presenza. Questo è in contrasto con le tecniche analitiche che potrebbero determinare la presenza del contaminante in una matrice ambientale, ma senza fornire informazioni quali l'effetto biologico del contaminante. Tali dati diventano estremamente importanti quando si tenta di valutare gli effetti negativi degli inquinanti chimici sulla salute delle popolazioni.

Il potenziale del biorisanamento

La valutazione del successo complessivo di un programma di biorisanamento *in situ* è spesso molto difficile, sia se si utilizzano OGM sia nel caso di microrganismi intrinseci. Questo perché non è semplice valutare il contributo dei microrganismi al processo di degradazione e riconoscere i fattori (ad es. volatilizzazione e trasformazione chimica) che avvengono simultaneamente all'interno del sistema. Un altro ostacolo è l'incapacità di misurare statisticamente l'efficacia del biorisanamento a causa della distribuzione molto eterogenea dei contaminanti. I modelli statistici che considerano le cinetiche di eterogeneità chimica nel progetto finale sono quindi fondamentali per la buona riuscita dei processi di biorisanamento.

Strategie di ingegnerizzazione *in vivo* e *in vitro*

Negli ultimi anni è stata scoperta una varietà di strategie per ingegnerizzare catalizzatori nuovi o migliorati per il biorisanamento. La strategia più semplice è quella di migliorare la capacità di un consorzio (una cultura batterica mista) mediante l'aggiunta di organismi "specialisti". I consorzi che mostrano attività metaboliche nuove possono essere ottenuti anche mediante una pressione selettiva su di essi, per esempio utilizzando esperimenti in chemiostato. Nell'ingegnerizzazione di un consorzio di microrganismi, un membro del consorzio può eseguire la reazione catabolica iniziale e un altro può completare la sequenza. Tali consorzi sono stati sviluppati per la mineralizzazione di composti aromatici biciclici come i bifenili clorurati, i dibenzofurani clorurati e gli aminonaftalenesulfonati. In questi casi, un membro del consorzio trasforma il substrato nel corrispondente benzoato o salicilato clorurato mentre, in seguito mineralizzati da un secondo membro.

Un approccio alternativo per la mineralizzazione dei composti clorurati è lo sviluppo di processi anaerobi-aerobi. La scoperta che la degradazione microbica dei PCB avviene nei sedimenti e che l'incremento della dealogenazione anaerobica è in relazione all'aumento della sostituzione alogena (al contrario di ciò che avviene per la degradazione aerobica, dove la persistenza aumenta generalmente con l'aumento della sostituzione alogena) fa sperare che questo processo possa essere usato per trasformare bifenili altamente clorurati in composti corrispondenti meno clorurati. Comunque, solo poche colture sono in grado di declorurare i PCB in maniera riduttiva, mentre isolati microbici come quelli di *Desulfomonile tiedjei* sono in grado di dealogenare i clorobenzoati o i clorofenoli in maniera riduttiva (Sayler & Ripp, 2000).

Spesso può anche capitare che la "divisione del lavoro" osservata in colture di microrganismi aerobi in condizioni di una selezione prolungata potrebbe condurre al trasferimento di determinanti genetici di funzioni cataboliche tra membri del consorzio e quindi all'emergenza di un singolo organismo con la sequenza catabolica completa. Questi tipi di trasferimento genico sono alla base di numerosi esperimenti di ingegnerizzazione in vivo e sono facilitati dal fatto che le vie metaboliche che avvengono naturalmente per il metabolismo dei composti organici siano spesso codificate da plasmidi con una vasta gamma di ospiti. In alcuni casi, il trasferimento per coniugazione di un plasmide "catabolico" dal suo ospite originale ad un appropriato ricevente ha come risultato la combinazione di una via metabolica centrale (ad es. durante la scissione dei composti aromatici e l'incanalamento dei loro prodotti verso il ciclo di Krebs) con un'altra via metabolica, permettendo ad un nuovo substrato di essere incanalato nella via metabolica centrale. Questo approccio non si verifica spesso perché i geni d'interesse non si trovano su un plasmide trasmettibile oppure sono presenti su plasmidi con una ristretta gamma di ospiti. Nel caso invece la trasmissione avvenga, gli eventuali nuovi fenotipi potrebbero non essere stabili perché i plasmidi sui quali sono presenti i geni catabolici potrebbero segregare in assenza di pressione selettiva.

Il clonaggio genico permette di aggirare le barriere del trasferimento genico naturale. I vettori di clonaggio plasmidici possono presentare però la stessa instabilità dei plasmidi naturali e, inoltre, spesso presentano marcatori per la selezione all'antibiotico-resistenza, i quali sono indesiderabili per le applicazioni in campo ambientale. Per queste ragioni, sono stati sviluppati vettori di clonaggio trasposonici da inserire stabilmente in geni eterologhi nei cromosomi del batterio ospite, evitando così l'uso dei suddetti marcatori. Oppure, più di recente, sono stati utilizzati marcatori che possono essere eliminati selettivamente dopo il trasferimento genico. Dal momento che il gene della traspostasi non è co-trasferito, il vettore trasposonico non causa instabilità della sequenza o riarrangiamenti nel sito della trasposizione. Per questi motivi i trasposoni possono essere utilizzati per esperimento di clonaggio multiplo e sequenziale nello stesso organismo ospite.

Miglioramento del catalizzatore

Alcuni processi di biorisanamento richiedono un aumento del tasso di rimozione del composto inquinante. Per raggiungere questo obiettivo, è necessario identificare il processo enzimatico o regolatore limitante e successivamente aumentare l'attività della corrispondente proteina "limitante" mediante un aumento della trascrizione o della traduzione del suo gene oppure agendo sui processi che influenzano la sua stabilità e le sue proprietà cinetiche. La trascrizione dei determinanti genetici delle vie metaboliche, spesso organizzati in operoni, è solitamente controllata da proteine di regolazione a controllo positivo che sono attivate da substrati o metaboliti.

Sono stati prodotti mutanti di proteine regolatrici in grado sia di causare alti livelli di trascrizione rispetto al regolatore wild-type sia di rispondere a nuovi effettori. L'uso di sistemi regolatori artificiali permette all'espressione di geni catabolici di essere sganciata dai segnali che normalmente controllano la loro espressione e offre una considerevole flessibilità per il controllo del processo d'interesse. Nel caso in cui il metabolismo del composto inquinante non produca energia e/o nel caso in cui l'induzione richieda l'aggiunta di induttori esogeni che possono essi stessi essere tossici (ad es. durante la rimozione di TCE in acque piovane contaminate), l'uso di sistemi regolatori artificiali o dei segnali di espressione costitutiva possono essere molto utili. L'uso di specifici promotori può disaccoppiare l'espressione genica dalla crescita e permettere di aumentare l'attività catabolica in ambienti con una limitata disponibilità di nutrienti o nei casi in cui la concentrazione dell'inquinante da eliminare scenda sotto una certa soglia (Sayler & Ripp, 2000).

L'ingegnerizzazione proteica per mutagenesi può contribuire a migliorare la stabilità di un particolare enzima, la sua specificità di substrato e le sue proprietà cinetiche. Questa tecnica richiede la comprensione delle relazioni struttura-funzione dell'enzima d'interesse e una dettagliata conoscenza della sua struttura tridimensionale o di almeno un enzima della stessa famiglia. Nel caso in cui sia possibile la selezione fenotipica di organismi varianti di particolare interesse, possono essere ottenuti rari mutanti spontanei o mutanti indotti; quando invece la selezione fenotipica non è possibile, sono necessari approcci più efficienti. Un metodo è quello di scambiare le subunità (ad es. enzimi varianti in grado si trasformare TCE con elevata efficienza ottenuti scambiando le subunità della tolune diossigenasi e della bifenil diossigenasi) o domini (ad es. sintesi di un enzima chimerico ottenuto scambiando domini della subunità α della bifenil diossigenasi e della clorobenzene diossigenasi e che mostra una più ampia specificità di substrato rispetto agli enzimi parentali). E' possibile, infine, ottenere nuove proteine ricombinanti "mescolando" le loro sequenze geniche o utilizzando tecniche che hanno alla base la PCR soggetta ad errore.

La necessità della via metabolica completa

In molti casi è alquanto difficile che un singolo organismo presenti la via metabolica completa per un particolare substrato, ma "segmenti" parziali e complementari della via metabolica potrebbero esistere in organismi differenti. Lo sviluppo di un organismo in grado di esprimere un fenotipo catabolico di interesse potrebbe richiedere la combinazione di determinanti genici provenienti da diversi organismi, al fine di formare la via metabolica completa per un composto inquinante che funge da substrato per l'enzima.

Vie metaboliche complete potrebbero servire *in primis* perché i processi co-metabolici necessitano di un input di energia e quindi rappresentano un peso per il microrganismo e poi anche perché i metaboliti finali prodotti da vie metaboliche incomplete potrebbero essere tossici o soggetti ad ulteriori trasformazioni da parte di altri microrganismi, con la conseguenza produzione di molecole reattive o tossiche. Un esempio di questo problema è il metabolismo dei PCB, durante il quale i microrganismi metabolizzano solitamente solo un anello aromatico e accumulano gli altri sotto forma di clorobenzoati. Successivamente, i metaboliti prodotti a partire dai clorobenzoati (ad es. 3-clorocatecolo) ad opera di microrganismi indigeni causano problemi anche più grandi e finiscono con l'inibire alcuni enzimi coinvolti nel metabolismo dei PCB e con il formare protoanemonina, un antibiotico che causa il rapido declino dei microrganismi in grado di trasformare i PCB.

Se una via metabolica per un composto inquinante è presente in un organismo o in una comunità o se le vie conosciute sono inefficienti, la sfida è quella di progettare e creare nuove vie metaboliche efficienti. Nel passato questo si otteneva mediante la combinazione di sequenze metaboliche parziali di vie metaboliche note insieme alla ricerca di enzimi in grado di incanalare i composti intermedi nella via metabolica centrale. Questo lavoro di "rattoppo" ha dato risultati significativi nella creazione di una nuova via metabolica per la mineralizzazione dei composti alchilaromatici.

Aumento della biodisponibilità del composto inquinante

Il biorisanamento è limitato non solo dalla stabilità chimica e dalla tossicità dei composti inquinanti ma anche dalla limitata biodisponibilità di composti inquinanti idrofobici quali i PCB. Le reazioni biologiche avvengono dentro e all'interfaccia della fase acquosa e i surfattanti hanno la capacità di disperdere i composti poco solubili in piccole micelle all'interno della fase acquosa. I surfattanti possono quindi aumentare l'accessibilità di questi substrati all'attacco microbico. L'alta attività di superficie, il calore e la stabilità a variazioni di pH, la bassa tossicità e la biodegradabilità dei biosurfattanti costituiscono importanti vantaggi rispetto ai surfattanti di sintesi, in particolare per le applicazioni in campo ambientale. Purtroppo il costo dei biosurfattanti restringe il loro campo di applicazione. Gli sforzi dei ricercatori sono quindi rivolti alla progettazione di biocatalizzatori ricombinanti che mostrano caratteristiche cataboliche di particolare interesse e che producono biosurfattanti adatti.

Prolungamento della sopravvivenza del catalizzatore nell'ambiente

Il problema più importante nell'uso dei biocatalizzatori inoculati è la loro ridotta competitività negli ambienti naturali. Questo è un grave limite per le applicazioni biotecnologiche in campo ambientale, dove i microrganismi sono esposti ad una varietà di stress quali metalli tossici, solventi e grandi escursioni dei valori di temperatura e di pH. Ci si aspetta quindi che la combinazione della resistenza agli stress ambientali e dei fenotipi catabolici in appropriati ceppi batterici possa migliorare la catalisi microbica perché consentirebbe la sopravvivenza dei microrganismi in habitat ostili (ad es. sono stati ingegnerizzati recentemente dei batteri resistenti ai solventi in grado di mineralizzare composti idrofobici). Ancora, ci sono numerosi siti che sono contaminati da radionuclidi e solventi tossici clorurati che possono essere biorisanati solo mediante microrganismi che possono sopravvivere in questi ambienti.

Infine, la rizosfera è un potenziale habitat per la degradazione di inquinanti perché fornisce un vantaggio selettivo a quei microrganismi adattati al suo particolare ambiente, e considerevoli quantità di carbonio ed energia per sostenere l'attività utile per conseguire il biorisanamento.

Seconda parte - Biorisanamento di siti contaminati da idrocarburi

Introduzione

Uno dei campi di applicazione delle tecniche di biorisanamento è il trattamento delle coste contaminate a causa degli sversamenti di petrolio in mare. La contaminazione organica degli ambienti marini è causata principalmente dal rilascio di petrolio che avviene durante la raffinazione, il trasporto e lo scarico diretto dagli impianti estrattivi marini e terrestri. Il petrolio è il più importante inquinante organico in ambienti marini e ogni anno dalle 1.7 alle 8.8×10^6 tonnellate di idrocarburi provenienti dal petrolio interessano le acque marine e gli estuari (NAS, 1985). Nonostante gli sversamenti di petrolio attraggano l'attenzione dei mezzi di comunicazione (vedi gli incidenti delle petroliere "Exxon Valdez" e "Sea Empress"), essi sono eventi relativamente rari, mentre un numero significativo di rilasci di minore entità avviene regolarmente nelle acque costiere e sui suoli.

Nonostante le numerose ricerche nel settore, il biorisanamento di siti contaminati da idrocarburi si basa ancora su metodologie empiriche e molti dei fattori che lo regolano non sono ancora stati pienamente compresi. L'aggiunta di nutrienti, soprattutto azoto e fosforo, è sicuramente una pratica utile in questo campo ed è stata utilizzata per aumentare la biodegradazione del greggio. Sono stati condotti studi sperimentali per accertare l'efficacia di questo approccio in campo (Venosa et al., 1996), ma non sono ancora ben noti gli effetti sulle popolazioni microbiche biodegradative e sul processo complessivo di biorisanamento. Molte domande restano quindi ancora irrisolte. Per esempio non è noto se le ricerche sugli effetti delle strategie di biorisanamento sulle popolazioni microbiche indigene possano essere usate per selezionare microrganismi che degradano i contaminanti tossici del petrolio e se le stesse ricerche, insieme ad una maggiore comprensione dell'influenza dei fattori abiotici sul biorisanamento, possano consentire lo sviluppo di un quadro predittivo per il biorisanamento. Non è noto, inoltre, se i recenti progressi nel campo del catabolismo anaerobico degli idrocarburi possa essere usato per migliorare ed estendere l'applicabilità dei trattamenti di biorisanamento utilizzati in campo.

I batteri sono i principali organismi degradatori negli ecosistemi acquatici, mentre funghi e batteri sono quelli più importanti nei suoli (Cooney & Summers, 1976). In realtà, non esiste una specie di microrganismi che degrada qualsiasi tipo di greggio ma la degradazione del petrolio grezzo e raffinato sembra coinvolgere un consorzio di microrganismi sia eucarioti che procarioti, tra cui ricordiamo *Nocardia, Pseudomonas, Acinetobacter, Flavobacterium, Micrococcus, Arthrobacter, Corynebacterium, Achromobacter, Rhodococcus, Alcaligenes, Mycobacterium, Bacillus, Aspergillus, Mucor, Fusarium, Penicillium, Rhodotorula, Candida* e *Sporobolomyces*.

Gli idrocarburi presenti nel greggio comprendono molti composti che possono essere suddivisi per semplicità in quattro frazioni: saturi, aromatici, resine e asfaltene. La frazione satura include alcani lineari (alcani normali), alcani ramificati (isoalcani) e cicloalcani (nafteni). La frazione aromatica contiene idrocarburi monocromatici quali benzene, toluene, etilbenzene e xileni (BTEX), PAH (ad es. naftaline, antracene, fenantrene, benzopirene), idrocarburi naftenoaromatici e composti aromatici solforati (ad es. tiofeni e dibenzotiofeni). Le resine e l'asfaltene comprendono molecole polari contenenti azoto, zolfo e ossigeno. Le resine sono solidi amorfi dissolti mentre gli asfalteni sono molecoli grandi disperse come colloidi nel greggio. Tra tutti questi composti, i principali idrocarburi presenti nei siti inquinati sono i cicloalcani, gli alcani a catena lunga e PAH. Gli alcani a catena intermedia (C_{10}-C_{20}) sono i substrati più facilmente degradabili, mentre i composti a catena più corta sono più tossici. Gli alcani a lunga catena, conosciuti come cere (C_{20}-C_{40}) sono solidi idrofobici e di conseguenza sono difficili da degradare a causa della loro bassa solibilità e biodisponibilità. Gli alcani a catena ramificata sono anch'essi degradati più lentamente rispetto a quelli normali. Molti microrganismi sono capaci di degradare una vasta gamma di composti aromatici. La biodegradazione dei PAH diminuisce all'aumentare del loro peso molecolare ed è influenzata da numerosi altri fattori. Bisogna inoltre fare attenzione agli intermedi di queste degradazioni, che possono essere a volte più tossici dei composti di partenza (ad es. diidrodioli). Oltre ai batteri, è stato anche isolato un fungo, *Phanerochaete chrysosporium*, in grado di metabolizzare PAH ad alto peso molecolare (Suga and Lindstrom, 1997). La degradazione dei cicloalcani è molto variabile ma è solitamente più lenta di quella degli alcani ed è effettuata da numerose specie microbiche. Infine, i composti a struttura aromatica condensata e quelli cicloparaffinici, catrami, bitumi e materiale asfaltino sono quelli a maggiore punto di ebollizione e mostrano la maggiore resistenza alla biodegradazione. Gli asfalteni sono prodotti molte resistenti alla degradazione microbica e, a causa della loro inerzia chimica e della loro insolubilità, sono estremamente pericolosi per l'ambiente.

Ottimizzare l'efficacia del biorisanamento con la biostimolazione

Sebbene il biorisanamento possa essere utilizzato per trattare le coste contaminate da petrolio, è difficile formulare strategie di risanamento in grado di fornire un risultato in termini di tasso di degradazione e concentrazione residua di contaminante. E' necessario quindi procedere con tecniche molto spesso empiriche a causa della complessità delle risposte delle popolazioni microbiche indigene alle perturbazioni ambientali. Per esempio, la quantità di nutrienti da applicare per rimuovere gli idrocarburi potrebbero essere basate su una stima della quantità di N e P richieste per convertire una data quantità di idrocarburi in anidride carbonica, acqua e biomassa microbica in condizioni aerobie, oppure della concentrazione dei nutrienti che sostiene il massimo tasso di crescita di microrganismi alcano-degradativi in coltura (Venosa *et al.*, 1996). E' stato anche suggerito che la quantità di fertilizzanti a lento rilascio applicata su una spiaggia non dovrebbe superare le concentrazioni tossiche di ammonio e/o nitrato o che l'aggiunta di nutrienti dovrebbe essere sufficiente a causare un aumento avvertibile di N e P nelle acque interstiziali, garantendo così che questi non limitino la popolazione microbica (Pritchard *et al.*, 1992). Queste tecniche non richiedono la conoscenza della concentrazione di petrolio e si basano sull'aggiunta di una maggiore quantità nutrienti rispetto a quella strettamente necessaria. Molti studi dimostrano che le quantità ottimali di nutrienti da aggiungere si aggirano intorno a 1-5% di N per peso di petrolio, usando un rapporto N:P tra 5:1 e 10:1. A causa di questi approcci empirici, non è stata ancora sviluppata una base teorica in grado di spiegare il comportamento dei microrganismi in ambienti naturali in risposta a stimoli specifici. Solo recentemente è stata formulata la teoria resource-ratio applicata alla biodegradazione degli idrocarburi (Head, 1998).

Questa teoria correla la struttura e la funzione delle comunità biologiche alla competizione per le risorse che limitano la crescita. Quando sono note la richiesta quantitativa per una risorsa limitante ed il tasso di crescita e mortalità di differenti organismi in competizione, la teoria offre la possibilità di predire il risultato di tali interazioni (Head, 1998). La teoria resource-ratio può essere dimostrata in esperimenti di coltura in chemiostato dove il risultato della competizione tra due specie batteriche per la stessa risorsa che limita la crescita può essere determinata dai tassi massimi specifici di crescita e dalle costanti di saturazione dei batteri che crescono in un substrato condiviso.

Utilizzando questa teoria, con N e P come fattori limitanti in condizioni aerobie durante la biodegradazione del petrolio, sarebbe possibile ideare i trattamenti di biorisanamento in modo oggettivo, imponendo condizioni che selezionino i microrganismi più adatti a rimuovere i contaminanti di maggiore interesse ambientale, a tasso ottimale e con un minimo intervento. Quindi l'aggiunta di N e P a differenti concentrazioni potrebbe selezionare differenti gruppi di organismi autoctoni. Se, in aggiunta alle differenti richieste di nutrienti, gli organismi selezionati degradano i contaminanti a differenti tassi, sarebbe possibile aggiungere i nutrienti ad una concentrazione che selezioni i microrganismi degradativi più efficaci. In conclusione, la teoria resource-ratio spiega il fatto che i livello di nutrienti e le loro relative concentrazioni influenzano la composizione delle popolazioni microbiche in grado di degradare gli idrocarburi. Ciò a sua volta influenza il tasso di biodegradazione di idrocarburi aromatici ed alifatici. Se questi risultati fossero confermati in campo, sarebbe allora possibile usare questa teoria per selezionare trattamenti di biorisanamento che favoriscono specificatamente la rapida distruzione delle maggior parte dei composti tossici nelle miscele complesse di composti inquinanti.

Anche se la teoria resource-ratio ha fornito risultati incoraggianti, ci si pone il problema se la regolazione delle quantità di N e P causi effettivamente la selezione di differenti popolazioni microbiche in base alle loro interazioni competitive. Un recente studio (Smith *et al.*, 1998) ha dimostrato che il tasso di degradazione dell'esadecano e del fenantrene è influenzato non solo dalla quantità assoluta di nutrienti aggiunti ma anche dalla disponibilità relativa di N e P. Considerando che sono noti i rapporti ottimali per la biodegradazione del fenantrene (N:P = 5:1 e 20:1), ciò implica che in queste condizioni sono selezionate due differenti popolazioni che degradano il fenantrene con diverse esigenze nutritive oppure che sono state indotte nella stessa popolazione differenti vie biosintetiche cataboliche. Degno di nota è il fatto che i rapporti N:P sono diversi per il fenenantrene e per l'esadecano e quindi per raggiungere la degradazione ottimale di un particolare componente del greggio potrebbe essere richiesta un diverso supplemento di nutrienti (Smith *et al.*, 1998). Un altro studio sul biorisanamento da petrolio dopo l'incidente della Sea Empress che ha previsto metodi di biologia molecolare sui geni dell'RNA ribosomiale per rilevare cambiamenti nelle popolazioni batteriche, ha mostrato che le popolazioni batteriche selezionate in spiagge inquinate trattate con nutrienti sono diverse da quelle non trattate. La degradazione degli idrocarburi alifatici, inoltre, è stimolata nei siti trattati con l'aggiunta di nutrienti, mentre la degradazione degli idrocarburi aromatici non lo è (Pritchard *et al.*, 1992). Appare quindi chiaro che il trattamento con una particolare combinazione di nutrienti seleziona in modo preferenziale alcune attività cataboliche piuttosto che stimolarle tutte. Questi dati sono infine in accordo con la teoria resource-ratio, la quale deve comunque essere verificata per la previsione dell'efficacia dei trattamenti in altri tipi di biorisanamento.

La base fondamentale della teoria è che il risultato della competizione tra specie microbiche è determinato dalla concentrazione costante di una risorsa che limita la crescita alla quale il tasso di crescita *pro capite* della popolazione batterica bilancia il tasso di mortalità *pro capite*. Di conseguenza, per essere usata in maniera predittiva, bisogna conoscere tali parametri per le diverse specie che comprendono la popolazione microbica. Nella maggior parte delle situazioni, questo richiede che gli organismi siano ottenuti in cultura pura e che la concentrazione della risorsa limitante sia determinata. Questa non è un'impresa facile dal momento che la determinazione sperimentale della concentrazione di substrato alla quale avviene la crescita zero non è lineare e le predizioni della concentrazione di substrato basate su parametri cinetici derivate da cultura in chemiostato o in sospensioni di cellule quiescenti possono variare considerevolmente dai valori misurati (Tros *et al.*, 1996). In principio, è possibile determinare questi valori per un gran numero di colture che rappresentano la maggior parte delle specie selezionate in ambienti interessati da contaminazione da petrolio. In alternativa, se le popolazioni con particolari proprietà cinetiche (ad es. K e μ_{max}) sono selezionate sistematicamente in particolari condizioni di nutrienti, allora è possibile usare questa informazione insieme alla caratterizzazione dei batteri degradativi predominanti presenti per sapere quanti e quali nutrienti aggiungere. Il problema della teoria resource-ratio è che spesso, nelle coste inquinate da petrolio, la biomassa microbica diminuisce a causa della predazione e della rimozione fisica ad opera di onde e correnti; tali fattori devono essere quindi considerati in aggiunta al tasso di mortalità delle cellule. In futuro, l'applicazione di questa teoria e di approcci empirici più mirati permetterà di elaborare risposte a specifici trattamenti di biorisanamento.

Sebbene sia possibile identificare la combinazione di nutrienti richiesta per dare un risultato desiderato, è meno semplice metterle in pratica su siti eterogenei dove i livelli di nutrienti indigeni e il carico di idrocarburi potrebbe essere anche molto variabile. Inoltre, ci sono altri fattori oltre i nutrienti che influenzano la biodegradazione che dovrebbero essere considerati nei modelli matematici. Questi sono la temperatura, la disponibilità di acqua, la diffusione dei gas e la degradazione degli idrocarburi. Al fine di determinare i parametri chiave dei modelli sono state utilizzate incubazioni in laboratorio con semplici misure respirometriche basate sulla produzione di anidride carbonica e la produzione di ossigeno. Le differenze riscontrate tra gli esperimenti in laboratorio e quelli in campo potrebbero aiutare i ricercatori a migliorare i modelli. Una grossa difficoltà consiste nel fatto che le concentrazioni di nutrienti misurate potrebbero non necessariamente riflettere la biodisponibilità dei nutrienti stessi. E' comunque possibile identificare e monitorare variazioni nella limitazione dei nutrienti dall'analisi dei geni espressi in risposta alla loro mancanza. Per esempio, sono state identificati specifici mRNA e proteine espresse in risposta alla limitazione di fosfato nel cianobatterio *Pseudomonas fluorescens* e in *Thiobacillus ferrooxidans*, e sono stati usati approcci immunologici per individuare la loro espressione in cellule individuali (Varela *et al.*, 1998). Per un intervento più efficace, si dovrebbe identificare un marcatore dello stress da nutrienti comune alla maggior parte dei batteri. L'identificazione di marcatori genetici universali offrirebbe la possibilità che la RT-PCR, il clonaggio ed il sequenziamento di mRNA indotti dalla limitazione di nutrienti permettano l'identificazione spazio-temporale di particolari componenti della popolazione microbica soggetta alla limitazione di nutrienti.

Biorisanamento di suoli contaminati da idrocarburi

Lo sviluppo dell'industria petrolchimica, l'istallazione di numerose stazioni di carburante e di condotte sotterranee, e i frequenti conflitti bellici in paesi produttori di petrolio sono le principali cause dell'inquinamento da idrocarburi nei suoli. La Guerra del Golfo nel 1991 ha provocato il rilascio di milioni di galloni di greggio dai pozzi distrutti che ha inquinato non solo gli ecosistemi acquatici, ma soprattutto le terre circostanti, con la formazione di 330 laghi di greggio che hanno coperto una superficie di 49 km^2 (Salam, 1996).

I **metodi chimico-fisici** per trattare suoli contaminati da idrocarburi comprendono l'escavazione e lo stoccaggio in discariche controllate, l'estrazione di inquinanti mediante vapore, la stabilizzazione e la solidificazione, il lavaggio dei suoli, l'estrazione di inquinanti mediante solventi, il trattamento termico, la vitrificazione e l'incenerimento. Il biorisanamento dei suoli è una tecnica che presenta molti vantaggi ed è inoltre un processo specifico e molte volte efficace per varie ragioni, tra cui ricordiamo l'eterogeneità dei contaminanti e la forza con cui sono legati alla materia particolata dei suoli, l'alta concentrazione degli idrocarburi (che potrebbe essere tossica o inibitoria per i microrganismi) o la loro bassa concentrazione (che potrebbe non essere adeguata per sostenere le attività microbiche), le condizioni variabili quali la tipologia e la profondità del suolo, il valore di pH, la temperatura, la disponibilità di ossigeno, il potenziale redox, l'umidità e la biodisponibilità del substrato. I due approcci generali per il biorisanamento dei suoli sono la **biostimolazione** ambientale (ad es. l'aggiunta di fertilizzanti e l'aerazione forzata) e il **bioincremento**, cioè l'aggiunta di microrganismi in grado di degradare gli idrocarburi. L'obiettivo degli studi di fattibilità svolti in laboratorio è quello di identificare i fattori limitanti e le migliori strategie per superare queste limitazioni in campo.

Conta microbica

La conta dei microrganismi eterotrofi e dei microrganismi in grado di degradare gli idrocarburi può fornire informazioni utili sulle attività biologiche del suolo e su quanto le popolazioni microbiche indigene si siano acclimatate alle condizioni del sito. Molto spesso, infatti, esiste una forte correlazione tra conta microbica e degradazione degli idrocarburi e durante il biorisanamento di suoli contaminati da idrocarburi sono state osservati aumenti del numero totale di colonie formanti unità (TFCU) anche di quattro ordini di grandezza (Balba et al., 1998). Le colture su agar sono il metodo più diffuso per la conta batterica, ma presentano delle limitazioni quando ci si imbatte su microrganismi che non si possono mettere in coltura.

Attività deidrogenasica

L'ossidazione biologica dei composti organici è generalmente un processo di deidrogenazione catalizzata da deidrogenasi (Page et al., 1982). Questi enzimi hanno un ruolo essenziale nell'ossidazione della materia organica mediante il trasferimento di idrogeno dai substrati organici agli accettori di elettroni. Il saggio della deidrogenasi in suoli contaminanti può essere quindi usato come un metodo semplice per esaminare il possibile effetto inibitorio dei contaminanti sulle attività microbiche. Il miglior metodo per la determinazione delle deidrogenasi è di tipo colorimetrico, mediante l'uso di cloruro di 2,3,5-trifenil tetrazolio che, ridotto dalle deidrogenasi dei microrganismi del suolo, assume un colore rossastro che può essere seguito a 485 nm. Questa metodica ha dei limiti in quanto il valore di attività deidrogenasica dipende sull'attività totale dei microrganismi del suolo e quindi non sempre rispecchia il numero totale di microrganismi vitali isolati su un mezzo di coltura particolare. Inoltre, nitrati, nitriti e ioni ferrici inbiscono le deidrogenasi in quanto agiscono come accettori alternativi di elettroni.

Test respirometrici

E' una metodica preliminare per gli studi di fattibilità e ha il vantaggio di essere rapida e precisa, soprattutto nella valutazione degli effetti dell'integrazione dei nutrienti e dell'inoculazione microbica. Durante i test di respirazione, il consumo di ossigeno e la produzione di anidride carbonica può essere monitorata con una strumentazione abbastanza semplice e poco costosa come ad esempio il metodo respirometrico delle bottiglie (Fig. 6). In questo caso, un manometro con tubo ad U ed un barometro servono per misurare la pressione negativa causata dalla scomparsa dell'ossigeno, mentre la diminuzione di idrossido di potassio per reazione con l'anidride carbonica prodotta, misura la produzione di quest'ultima. La diminuzione della produzione di anidride carbonica che si ottiene alla fine dei trattamenti di biorisanamento è causata probabilmente dall'esaurimento della frazione organica facilmente degradabile. I test respirometrici possono anche essere applicati per accertare i possibili effetti inibitori di metalli pesanti, composti tossici e pH sulle attività microbiche del suolo.

Test di biodegradazione in microcosmo

Il "microcosmo" può essere definito come una "parte" intatta di un ecosistema portata in laboratorio al fine di studiarlo nel suo stato naturale. I microcosmi possono variare nella loro complessità, ma per avere buoni risultati devono essere il più possibile simili ai modelli ambientali reali. Queste metodiche, oltre ad accertare il potenziale biodegradativo della contaminazione da idrocarburi, permettono lo sviluppo di modelli per predire il destino di questi inquinanti. Possono così essere descritte le cinetiche dei processi di degradazione ed ottenere informazioni sulla trasformazione degli idrocarburi. Per determinare il tasso di biodegradazione degli idrocarburi, sono indispensabile analisi accurate e attendibili. Una di esse determina gli idrocarburi totali del greggio ed è basata sull'**assorbimento nell'infrarosso (IR)**. La metodica consiste nell'estrazione del suolo o di fango con freon e la misurazione dell'assorbimento IR a 2930 cm^{-1}. Questo metodo però non fornisce informazioni sul destino dei singoli costituenti del greggio. Per ottenere informazioni più dettagliate sui singoli composti è possibile utilizzare la **gas cromatografia** con una colonna capillare e **un rilevatore di ionizzazione in fiamma (GC-FID) o la spettrometria di massa (GC-MS)** (Fig. 7).

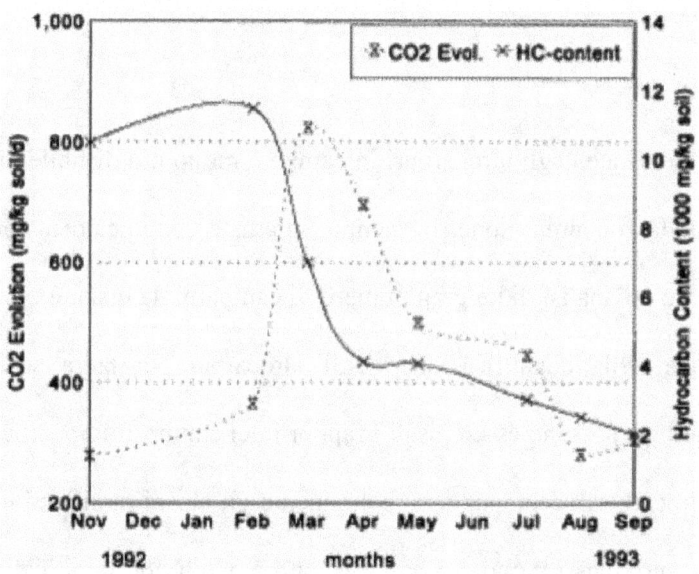

Figura 6. Correlazione tra tasso respiratorio e contenuto di idrocarburi durante il biorisanamento di idrocarburi in suoli inquinati (da Balba *et al.*, 1998).

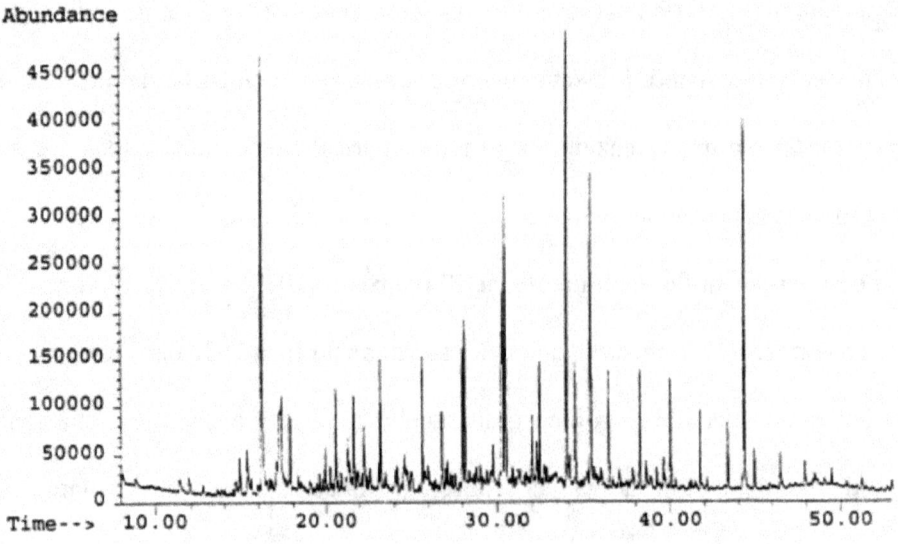

Figura 7. Analisi GC/MS di composti organici in suoli inquinati (da Li *et al.*, 2000).

Composti bioindicatori

La valutazione della degradazione degli idrocarburi in campo è molto più difficile di quella in laboratorio a causa dell'eterogeneità della contaminazione. In campo, infatti, è complicato ottenere dati statisticamente significativi senza il ricorso all'analisi di un gran numero di campioni, la quale è oltretutto molto costosa. A causa di queste difficoltà nella quantificazione degli idrocarburi su larga scala, per determinare la degradazione degli idrocarburi possono essere usati i rapporti dei composti idrocarburici. I microrganismi in grado di degradare gli idrocarburi decompongono solitamente gli alcani ramificati e i composti isoprenoidi quali pristano, fitano e opano a tassi molto più bassi rispetto a quelli non ramificati. Quindi, il rapporto tra alcani a catena lineare e alcani a catena ramificata può quantificare la biodegradazione degli idrocarburi in una miscela di petrolio. Questo concetto è basato sul fatto che i processi non biodegradativi, quali quelli legati alle condizioni atmosferiche, la volatilizzazione e il dilavamento, non producono perdite differenziali di idrocarburi normali e ramificati (Kennicutt, 1988). Il rapporto quindi può essere utilizzato come un bioindicatore nella determinazione della degradazione del greggio.

Impatto ecologico e determinazione della tossicità

Oltre alla dimostrazione dell'efficacia del trattamento, è necessario dimostrare che il biorisanamento non produca prodotti intermedi tossici ed evitare effetti ambientali ed ecologici indesiderati. I fertilizzanti non dovrebbero essere applicati a tassi eccessivi e l'uso di nitrati è sconsigliabile a causa della sua tendenza a lisciviare nelle falde. E' altresì necessario contenere le misure di biorisanamento nella zona contaminata, senza coinvolgere anche le aree circostanti al sito d'interesse.

Arricchimento di microrganismi degradativi in suoli inquinati da idrocarburi

Le tecnologie finora sviluppate per rimuovere gli idrocarburi dai suoli e ripristinare la qualità ambientale presentano alti costi e difficoltà tecniche. La degradazione di inquinanti organici potrebbe essere potenziata rimuovendo i fattori limitanti intrinseci e cambiando le condizioni ambientali estrinseche al fine di promuovere la capacità enzimatica della comunità microbica indigena. Per perseguire il primo obiettivo è necessario isolare, coltivare ed arricchire i batteri degradativi, mentre per il secondo bisogna aumentare il contenuto di ossigeno, regolare la concentrazione di nutrienti o migliorare le condizioni fisico-chimiche dei suoli inquinati. Altri passaggi-chiave per raggiungere un buon risultato sono la caratterizzazione delle condizioni del sito, l'identificazione degli organismi biodegradativi più attivi nel suolo inquinato, lo sviluppo di un sistema di arricchimento per aumentare il risanamento del suolo, e la comparazione dei tassi di biodegradazione naturali e indotti.

Esistono numerosi protocolli di terreni di coltura per identificare i batteri che degradano gli idrocarburi, ma uno dei più diffusi prevede: 0,1% KH_2PO_4, 0,1% K_2HPO_4, 0,1% NH_4NO_3, 0,05% $MgSO_4$, 0,001% $FeSO_4$ in soluzione satura e 0,001% $CaCl_2$ in soluzione satura. Questo terreno viene sterilizzato a 121°C per 25 minuti e, dopo il raffreddamento, si aggiunge 1% di paraffina liquida sterilizzata e 0,5% di naftalene. La paraffina liquida (C_{16}-C_{38}) è infatti una miscela di alcani saturi e cicloalcani, molto simile ai composti idrocarburici nel suolo. Paraffina e naftaline sono quindi le uniche fonti di carbonio per i microrganismi. Solitamente i batteri crescono nel terreno ed emulsionano la miscela idrocarburica formando goccioline (diametro di 30-100 µm).

La crescita batterica è dimostrata dall'aumento di torbidità del terreno entro 24 ore che può essere misurata spettrofotometricamente a 640 nm. I batteri crescono soprattutto sulla superficie delle goccioline di petrolio emulsionato, mentre sono rare nella fase acquosa. I batteri sono situati sull'interfaccia tra idrocarburi e acqua, aderendo strettamente alle goccioline (Fig. 8); di conseguenza l'area dell'interfaccia potrebbe essere un fattore importante nel limitare la crescita microbica e la biodegradazione. Dopo 48 ore di coltura in paraffina, i residui possono essere estratti con CH_2Cl_2 e analizzati mediante GC/MS. Solitamente, da questa analisi, si nota che compaiono idrocarburi a basso peso molecolare prima non presenti, derivanti dalla degradazione dei composti a più alto peso molecolare (solitamente con C compreso tra 16 e 20) dei campioni di partenza (Fig. 9).

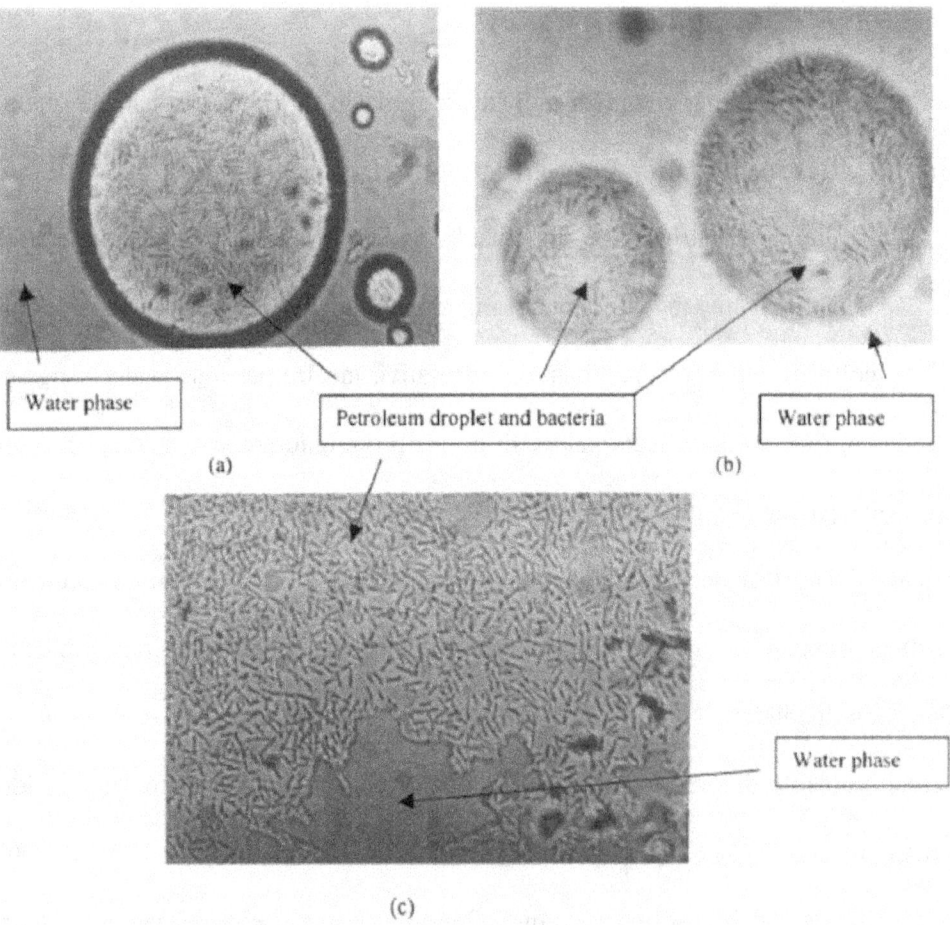

Figura 8. Fotografie di batteri in grado di degradare gli idrocarburi nell'interfaccia acqua-petrolio (da Balba *et al.*, 1998).

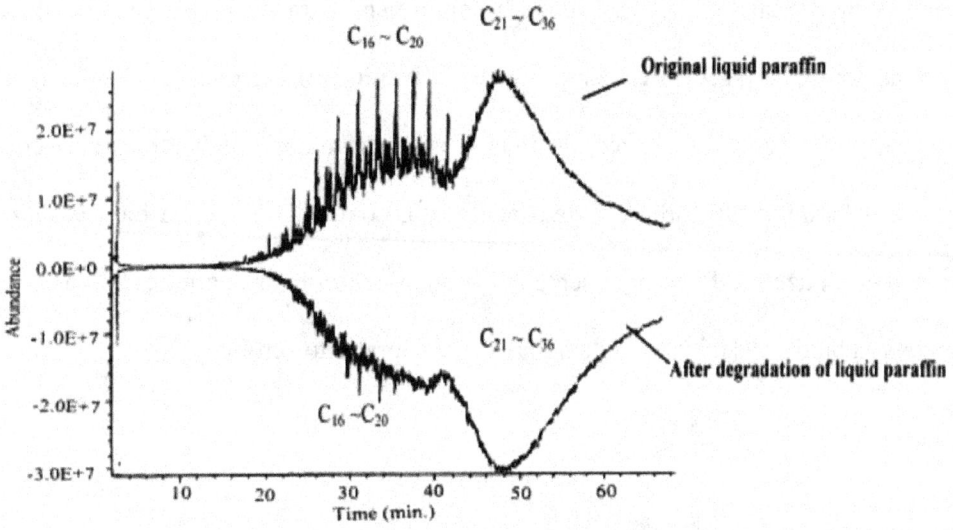

Figura 9. Confronto di analisi GC/MS prima e dopo la biodegradazione di paraffina liquida (da Li *et al.*, 2000).

Per aumentare il tasso di biorisanamento, è necessario aumentare il numero di batteri in grado di degradare gli idrocarburi. E' quindi necessario un sistema di arricchimento dei batteri indigeni con alta attività degradativa, per poi introdurre questi batteri nei suoli contaminati. A questo proposito è possibile utilizzare un **sistema biologico a carbonio attivo (BAC)** (Fig. 10) con una colonna a carbonio attivo e un apparato per fornire le sostanze nutrienti. Il sistema BAC è inoculato con batteri presenti nel suolo inquinato e gli idrocarburi fungono da fonte di carbonio per i batteri indigeni. Dopo l'arricchimento, l'effluente dal sistema BAC conterrà moltissimi batteri indigeni in grado di decomporre gli idrocarburi di interesse. In seguito, i batteri sono introdotti nel suolo inquinato per aumentare la biodegradazione. Il carbonio attivo ha la funzione di fornire una maggiore area d'interfaccia per miscelare batteri, acqua e idrocarburi. Il sistema inoltre lavora in continuo per produrre batteri usati nel biorisanamento. I batteri isolati dal suolo inquinato sono incubati nella colonna BAC con il mezzo di coltura e la paraffina. Questi ultimi sono iniettati nella colonna in continuo e l'effluente raccolto viene utilizzato per gli esperimenti di biorisanamento. I batteri solitamente emulsionano i substrati entro 24 ore e alla fine la paraffina liquida e l'acqua formano una miscela uniforme. Dopo circa 72 ore, la concentrazione dei batteri nell'effluente è di circa 4×10^{-11} cellule ml^{-1}. I fattori che controllano i tassi di biodegradazione e l'attività batterica, quali temperatura, ossigeno, nutrienti, pH e contenuto idrico, possono essere controllati in laboratorio. I batteri ottenuti dal sistema BAC sono introdotti in un campione di suolo inquinato e tenuti in condizioni di alta umidità e alla temperatura di 20 °C. A quel punto si possono compiere analisi GC/MS, le quali confermano o meno la presenza di idrocarburi come unica fonte di carbonio, e successivamente misure di mineralizzazione, mediante il monitoraggio dell'aumento di CO_2. Mediamente, i batteri degradano la quasi totalità degli idrocarburi entro 64 giorni. Dopo 32 giorni, il 42% degli idrocarburi è stato degradato, contro l'1,7% della biodegradazione naturale (Fig. 11). Il contenuto di azoto e fosforo presente nei suoli si aggira intorno allo 0,1% e non rappresenta un fattore limitante per la biodegradazione. La degradazione è soprattutto aerobia.

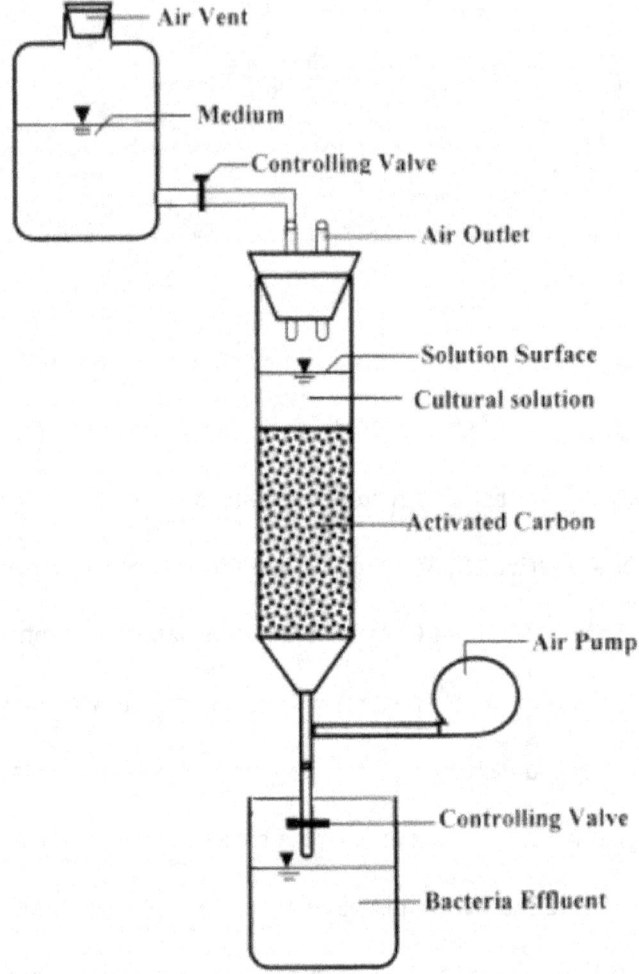

Figura 10. Schema di funzionamento del sistema di arricchimento BAC (da Li *et al.*, 2000).

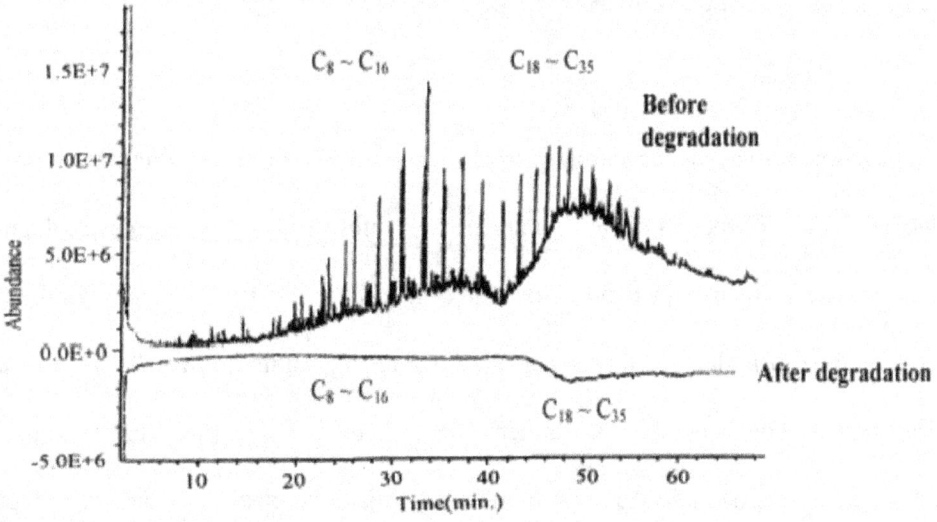

Figura 11. Analisi GC/MS di idrocarburi provenienti da petrolio prima e dopo il biorisanamento (64 giorni) (da Li *et al.*, 2000).

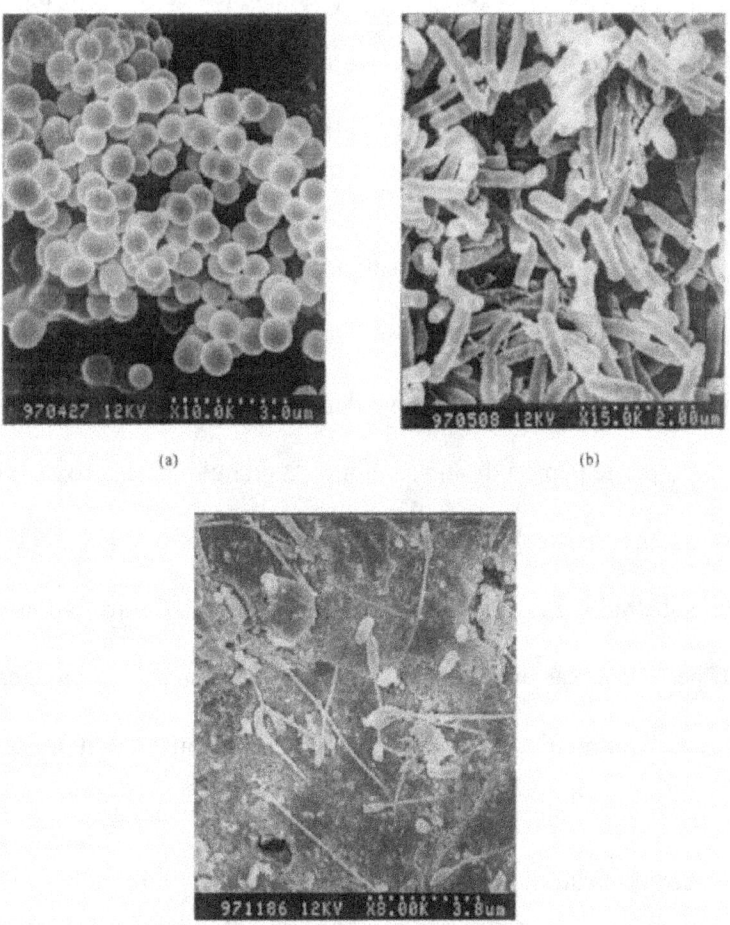

Figura 12. Fotografie di batteri degradativi (da Balba *et al.*, 1998).

Biodegradazione anaerobia degli idrocarburi

La biodegradazione anaerobia di idrocarburi aromatici ed alifatici è un'alternativa promettente alla biodegradazione aerobica nei processi di biorisanamento. E' infatti stato dimostrato che toluene, benzene ed etilbenzene possono essere ossidati in condizioni redox anaerobie. I batteri anaerobi sono anche capaci di utilizzare substrati non solo nella loro forma pura, ma anche in complesse miscele di idrocarburi, quali il greggio. I passaggi cruciali dei processi di trattamento anaerobio sono stati studiati *in vitro* per comprendere meglio il funzionamento degli enzimi coinvolti nella degradazione degli idrocarburi monocromatici. La conoscenza della degradazione anaerobia di idrocarburi alifatici e policiclici aromatici rimane invece ancora incompleta.

Nonostante la degradazione aerobia degli idrocarburi sia stata applicata con successo nei processi di biorisanamento, in alcuni casi essa provoca problemi di produzione eccessiva di biomassa, che potrebbe a sua volta causa un "intasamento" nei trattamenti *in situ* e una fornitura insufficiente di ossigeno. Per queste ragioni, il trattamento anaerobico con nitrato, Fe(III), solfato e CO_2 come accettori di elettroni costituisce un'interessante alternativa. I trattamenti anaerobi però causano spesso la produzione di idrogeno solforato, un composto corrosivo e tossico, ad opera dei batteri solfato-riducenti.

La maggior parte delle strategie di biorisanamento mirate a migliorare gli sversamenti marini di petrolio presuppone che il principale meccanismo di rimozione degli idrocarburi sia la respirazione aerobia. Mentre questo potrebbe essere valido per le perdite di olio su ciottoli a granulometria grossa o su coste ciottolose, la disponibilità di ossigeno assume una maggior importanza su spiagge con sedimenti a granulometria fine quali le paludi marine ed i substrati argillosi e limosi. Inoltre, l'aggiunta di urea e di ammoniaca derivanti da fertilizzanti talvolta usati per il biorisanamento da petrolio può aumentare la domanda di ossigeno a causa dell'ossidazione biologica dell'ammoniaca. Su spiagge con sedimenti fini, il trasferimento in massa di ossigeno potrebbe non essere sufficiente per sostituire l'ossigeno consumato dal metabolismo microbico, sebbene l'infiltrazione di petrolio in strati più profondi è probabilmente minore nei sedimenti fini. In queste condizioni anossiche, la degradazione anaerobica degli idrocarburi potrebbe essere rilevante. In ambienti con bassa tensione di ossigeno sono stati isolati batteri adattati alla crescita su idrocarburi aromatici a basso peso molecolare e batteri denitrificanti, ferro-, manganese- e solfato-riducenti capaci di degradare idrocarburi semplici aromatici e alifatici (Zhou *et al.*, 1995).

In ambienti marini, i più importanti accettori di elettroni sono ferro, manganese e solfato, ed il numero limitato di studi a riguardo indicano che il processo de degradazione anaerobica degli idrocarburi in ambienti marini è associato principalmente con la riduzione del solfato (Caldwell *et al.*, 1998). Al contrario di ciò che avviene in ambienti terrestri e di acqua dolce, non è stata osservata la stimolazione della degradazione idrocarburica ad opera dei nitrati. Alcuni studi riportano la degradazione di alcani e PAH in condizioni anaerobie, ma il tasso della degradazione anaerobica è solitamente più basso rispetto quello aerobio (Caldwell *et al.*, 1998). Nonostante questo, la rimozione di alcuni idrocarburi (ad es. alcani ad alto peso molecolare e gli idrocarburi isoprenoidi pristano e fitano) è stata osservata in condizioni anossiche. Il catabolismo anaerobio di idrocarburi aromatici ed alifatici è stato dimostrato solo in un piccolo numero di sedimenti marini, ma senza dubbio l'esposizione in precedenza ad alti livelli di idrocarburi costituisce un fattore importante per determinare il tasso di mineralizzazione anaerobia (Coates *et al.*, 1997). L'inoculo di sedimenti che presentano una bassa attività idrocarburo-degradativa in condizioni anaerobie con campioni di sedimenti con alta attività stimola la degradazione anaerobia degli idrocarburi (Coates *et al.*, 1997). Ciò suggerisce di utilizzare questa strategia per avviare il trattamento anaerobio di sedimenti anossici contaminati da idrocarburi. Il biorisanamento è spesso inefficace nello stimolare la degradazione degli idrocarburi del petrolio (Pritchard *et al.*, 1992). Se la degradazione anaerobia limitata degli idrocarburi in sedimenti marini relativamente incontaminati avviene comunemente, l'aggiunta di sedimenti contaminati di recente con sedimenti attivi potrebbe essere considerata una possibile strategia di biorisanamento. Al contrario, il trattamento con isolati capaci di degradare gli idrocarburi in condizioni anaerobie è poco efficace a causa delle stesse ragioni per cui gli inoculi di microrganismi aerobi hanno un'efficacia limitata.

In generale possiamo dire che, sebbene in ambienti anossici sia stata osservata la scomparsa di idrocarburi sia aromatici che alifatici, poco si conosce sulla microbiologia della degradazione degli idrocarburi alifatici e dei PAH.

Idrocarburi alifatici

I meccanismi di degradazione anaerobia degli idrocarburi alifatici ad opera di microrganismi non sono molto noti. Sono state ottenute colture pure di batteri termofili solfato-riducenti e denitrificanti che ossidano completamente gli alcani con 6 fino a 20 atomi di carbonio (Rueter *et al.*, 1994). Questo indica che questi batteri utilizzano come substrato le miscele di alcani nel greggio e, nel caso dei solfato-riducenti, producono idrogeno solforato partendo da greggio come substrato. Non si conosce nei dettagli il meccanismo di attivazione degli alcani in assenza di ossigeno, ma è stato dimostrato che i batteri aggiungono o rimuovono un atomo di carbonio dallo scheletro carbonioso (sotto forma di monossido di carbonio) di idrocarburi con numero dispari di atomi di carbonio, formando così acidi grassi con numero pari di atomi di carbonio. Potrebbero però essere coinvolti altri che trasformano alcani C-dispari in acidi grassi C-pari e alcani C-pari in acidi grassi C-pari.

Idrocarburi aromatici

Gli idrocarburi aromatici sono presenti nel materiale vegetale e quindi sono i principali costituenti del greggio. I batteri anaerobi sono in grado di degradare fenoli, cresoli, aniline, benzoati, toluene, benzene, xilene, composti nitroaromatici e clorurati e molti altri. Il meccanismo prevede la trasformazione dei composti aromatici in pochi incomposti intermedi (fig. 13). In seguito, l'anello aromatico è attivato e aperto e i risultanti composti non ciclici sono convertiti in metaboliti. In condizioni anaerobie, i principali composti intermedi sono benzoato (o benzoil-CoA) e, in minor misura, resorcinolo e floroglucinolo. Le reazioni coinvolte nei processi di direzionamento che portano ai composti intermedi sono carbossilazioni, decarbossilazioni, idrossilazioni riduzioni, deidrossilazioni riduttive, deaminazioni, declorurazioni e reazioni di liasi. Gli intermedi aromatici sono attaccati in condizioni riducenti e aperti mediante idrolisi. I risultanti prodotti non ciclici sono trasformati mediante beta ossidazione in metaboliti.

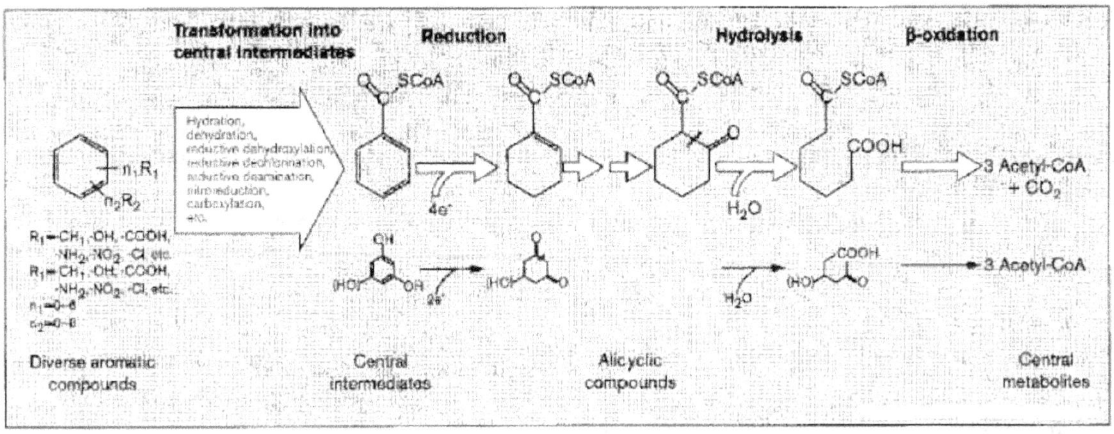

Figura 13. Schema delle reazioni coinvolte nella degradazione anaerobica di composti aromatici. Diversi composti aromatici sono prima trasformati in intermedi centrali (benzoil-CoA, resorcinolo o floroglucinolo) che sono successivamente ridotti in composti aliciclici. L'anello è poi aperto mediante idrolisi e i prodotti non ciclici sono trasformati nel metabolita centrale acetil-CoA mediante β-ossidazione (da Holliger & Zehnder, 1996).

Benzene, toluene, etilbenzene e xilene

Il toluene viene biodegradato facilmente in condizioni anaerobie, mentre l'*o*-xilene ed il *m*-xilene sono degradati più difficilmente. Il benzene, l'etilbenzene ed il *p*-xilene sono molto resistenti alla biodegradazione. Una miscela di questi composti potrebbe avere un'influenza negativa sulla degradazione di un composto più biodegradabile. Per esempio, la degradazione del toluene in un sistema denitrificanti a biofilm, è inibita dall'*o*-xilene, che è trasformato in 2-metilbenzoato (Rueter *et al.*, 1994). In una coltura di arricchimento con solfato e greggio come donatore di elettroni, sono consumati il toluene, l'*o*-xilene e il *m*-xilene e viene prodotto idrogeno solforato (Rueter *et al.*, 1994). Questo conferma i risultati ottenuti dai riduttori di solfato alcano-ossidanti e suggerisce che questi batteri potrebbero essere la fonte di solfuro nei depositi e negli impianti di raffinazione di petrolio.

Benzene - La degradazione anaerobica del benzene in condizioni metanogene è stata riportata per la prima volta nel 1986 (Vogel & Grbic-Galic, 1986). Usando H_2O^{18}, è stato dimostrato che il benzene viene ossidato in fenolo in condizioni solfato-riducenti e ferro-riducenti (Lovley *et al.*, 1994). Il solfato è il principale accettore di elettroni. La mineralizzazione completa è stata confermata mediante l'uso di benzene marcato con ^{14}C (Lovley *et al.*, 1994). In condizioni solfato-riducenti, l'ossidazione del benzene è inibita dal molibdato e il bilancio elettronico mostra che il solfato è il principale accettore di elettroni.

Purtroppo, i batteri coinvolti nella degradazione anaerobia del benzene non sono ancora stati identificati. Probabilmente il benzene è trasformato nel composto intermedio benzoato passando per lo stadio di fenolo e *p*-idrossibenzoato. La formazione di fenolo dal benzene p stata già dimostrata nelle colture di batteri metanogeni (Vogel & Grbic-Galic, 1986). I batteri denitrificanti, infine, sono capaci di carbossilare il fenolo (Fuchs *et al.*, 1994).

Toluene - Il toluene è l'idrocarburo aromatico più facilmente biodegradabile in condizioni anaerobie. Colture pure si batteri denitrificanti, ferro-riducenti e solfato-riducenti possono utilizzare il toluene come fonte di energia e di carbonio. Gli organismi denitrificanti appartengono soprattutto ai gener *Thauera* e *Azoarcus*, i quali fanno parte della sottoclasse β dei Proteobatteri (Zhou *et al.*, 1995). I microrganismi capaci di degradare il toluene sono molto diffusi e comuni in natura. Ricordiamo *Geobacter metallireducens* (ceppo SG-15), un batterio ferro-riducente che ossida molti composti aromatici e *Desulfobacula toluoica*, un batterio solfato-riducente (Rabus *et al.*, 1993). L'ossidazione del toluene è stata osservata anche in condizioni metanogene (Edwards *et al.*, 1994) da parte di batteri che vengono inibiti da nitrato o solfato. Sembra che il toluene sia degradato attraverso l'intermedio centrale benzoil-CoA in tutti i batteri toluene-ossidanti isolati finora.

Etilbenzene - Sebbene l'etilbenzene sia un componente importante del greggio e dei prodotti derivanti da petrolio, la degradazione anaerobia degli alchilbenzeni con catene laterali che siano più lunghe di un gruppo metilico non è stata ancora dimostrata Recentemente però sono stati isolati due batteri denitrificanti (Rabus *et al.*, 1995) in grado di ossidare completamente gli alchilbenzeni in anidride carbonica. L'attacco iniziale all'etilbenzene è probabilmente un'idrossilazione del sostituente alchilico.

Xileni - Per tutti e tre gli isomeri dello xilene, l'ossidazione è stata osservata sia in culture di arricchimento che in culture pure. Il *m*-xilene è un substrato per i batteri denitrificanti (Schocher *et al.*, 1991) probabilmente i passaggi iniziali della degradazione sono gli stessi della degradazione del toluene. Gli xileni possono essere anche trasformati co-metabolicamente da alcuni batteri denitrificanti e solfato-riducenti. Niente si conosce invece sulla degradazione dei metilbenzoati.

Benzoato - In base ad alcuni studi (Elder & Kelly, 1994) si può affermare che il substrato degli enzimi in grado di ridurre l'anello aromatico non sia il benzoato, ma il benzoil-CoA, il quale è formato direttamente dalla benzoato-CoA ligasi o indirettamente da un acido aromatico che è stato attivato dal CoA quale il fenilproprionil-CoA. Il benzolil-CoA è ridotto da due elettroni per formare un composto che poi viene ridotto e a sua volta trasformato nell'intermedio 3-idrossipimelil-CoA.

Idrocarburi policiclici aromatici

Il naftalene è l'unico PAH per il quale è stata dimostrata la degradazione anaerobia. E' ossidato in condizioni denitrificanti nelle falde acquifere e nei suoli contaminati (Bregnard *et al.*, 1995). Non si conoscono i batteri e le vie biochimiche coinvolte nella degradazione dei PAH.

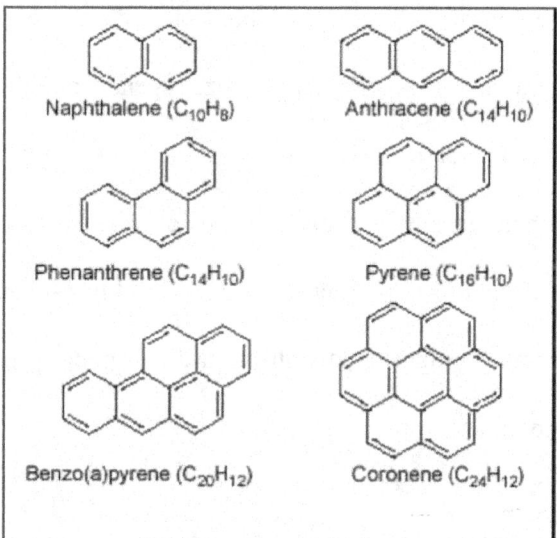

Figura 14. Struttura degli idrocarburi policiclici più abbondanti nell'ambiente.

Biosurfattanti

L'inquinamento da petrolio costituisce un problema ambientale di sempre maggiore importanza. I microrganismi che utilizzano gli idrocarburi come fonte di energia e di carbonio hanno un ruolo importante nel trattamento biologico di questo inquinamento. Uno dei fattori limitanti in questo processo è la biodisponibilità di molte frazioni del petrolio. I microrganismi che degradano gli idrocarburi producono biosurfattanti di diversa natura chimica e peso molecolare. Questi composti attivi aumentano l'area superficiale di contatto dei substrati idrofobici non solubili in acqua ed aumentano la loro biodisponibilità, favorendo la crescita dei batteri ed il tasso di biorisanamento. I microrganismi che degradano il petrolio sono ubiquitari in natura utilizzano vari tipi di idrocarburi: idrocarburi a catena corta, a catena lunga, composti aromatici (tra cui i PAH). La bassa solubilità in acqua ed il fatto che la degradazione degli idrocarburi richiede un'ossigenasi legata alla membrana dei batteri rendono necessario un diretto contatto dei batteri degradativi con i substrati. Non sorprende quindi il fatto che i batteri che crescono nel petrolio producono normalmente potenti sostanze emulsionanti che favoriscono la dispersione dell'olio e l'aumento dell'area della superficie assorbente, e facilitano il distacco dei batteri dalle goccioline di petrolio (Rosenberg, 1993).

I batteri producono molecole a basso peso molecolare che diminuiscono la tensione superficiale dell'interfaccia petrolio-acqua e polimeri ad alto peso molecolare che si legano saldamente alla superficie delle goccioline d'olio e non consentono la loro coalescenza, agendo quindi da **biodisperdenti**. Le prime sono solitamente glicolipidi in cui i carboidrati sono legati ad una lunga catena acida alifatica oppure lipopeptidi e sono prodotte da molte specie di *Pseudomonads* e *Alcanivorax*. I secondi sono prodotti da un gran numero di specie batteriche appartenenti a generi differenti (ad es. *Acinetobacter*) e sono sostanze con una grande specificità di substrato composte da polisaccaridi, proteine, lipopolisaccaridi, lipoproteine o miscele complesse di questi biopolimeri.

Produzione di biosurfattanti da parte dei batteri

I biosurfattanti sono prodotti durante la fase stazionaria di crescita dei batteri. In molti casi è stato dimostrato che la produzione di emulsionanti ad alto e basso peso molecolare è indotta da segnali molecolari e si verifica in concomitanza con l'aumento di densità cellulare e all'inizio della fase stazionaria di crescita (Van Delden *et al.*, 1998). Poiché i batteri petrolio-degradativi possono utilizzare solo un limitato gruppo di idrocarburi, i batteri rischiano di morire quando gli idrocarburi che possono metabolizzare si esauriscono. Per questo motivo, i microrganismi usano i loro biosurfattanti (ed in particolar modo quelli presenti sulla superficie cellulare) per regolare la capacità di attaccarsi o staccarsi dalle superfici in base alle necessità. Il biosurfattante può quindi causare un aumento di idrofobicità della superficie cellulare (ad es. ramnolipidi in *Pseudomonas aeruginosa*) oppure ridurla (ad es. emulsano in *Acinetobacter*) (Zhang *et al.*, 1994).

Coinvolgimento dei biosurfattanti nel biorisanamento da petrolio

Ci sono almeno due modi in cui i biosurfattanti intervengono nel biorisanamento: aumento dell'area superficiale di substrati idrofobici e aumento della biodisponibilità dei composti idrofobici che fungono da substrato. Nel primo caso, il tasso di crescita dei batteri che degradano gli idrocarburi può essere limitato dalle dimensioni dell'area superficiale di interfaccia tra acqua e petrolio. Quando l'area superficiale diventa limitante, la biomassa aumenta aritmeticamente piuttosto che esponenzialmente. Nel secondo caso, la bassa solubilità in acqua di molti idrocarburi (ad es. PAH) limita la loro disponibilità all'attacco dei microrganismi. Questo problema è superato mediante l'utilizzo da parte dei batteri di surfattanti. Sono stati inoltre studiati gli effetti di alcuni surfattanti di origine non biologica sul biodegradamento. L'aggiunta di Tergitol NP-10 ha favorito la dissoluzione di fenantrene e ha permesso un maggior tasso di crescita di un ceppo di *Pseudomonas stutzeri* (Grimberg, 1996). Lo stesso effetto è stato causato dal Tween 80 su due ceppi di *Sphingomonas*, mentre ha inibito la degradazione del fenantrene da parte di due ceppi di *Mycobacterium* (Willumsen, 2001). Altre volte, infine, i surfattanti non biologici non hanno causano alcun effetto sui microrganismi. I biosurfattanti sono, al contrario dei surfattanti di sintesi, più efficaci, più selettivi, non pericolosi per l'ambiente e meno stabili.

La persistenza di molti composti idrofobici è dovuta alla loro bassa solubilità in acqua, che aumenta il loro assorbimento alle superfici e limita la loro disponibilità ai microrganismi biodegradativi. Quando le molecole organiche sono legate irreversibilmente alle superfici, la biodegradazione è inibita. I biosurfattanti hanno di conseguenza l'effetto di aumentare la crescita dei batteri degradativi sui substrati legati distaccandoli dalle superfici o aumentando la loro solubilità apparente in acqua (Marcoux, 2000). I surfattanti che diminuiscono la tensione d'interfaccia sono particolarmente efficaci nel mobilizzare le molecole legate idrofobiche e nel renderle disponibili alla biodegradazione. I biosurfattanti a basso peso molecolare che hanno una bassa concentrazione critica di micelle aumentano la solubilità apparente degli idrocarburi incorporandoli nelle cavità idrofobiche delle micelle. Poco è noto invece sul modo in cui i biosurfattanti polimerici aumentano la solubilità apparente dei composti idrofobici. Recentemente è stato dimostrato che il prodotto "alasan" aumenta la solubilità apparente dei PAH di 5-20 volte e di conseguenza il loro tasso di biodegradazione (Rosenberg, 1999).

Utilizzo dei biosurfattanti per il biorisanamento

Il biorisanamento non è altro che l'accelerazione di processi naturali biodegradativi in ambienti contaminate mediante il miglioramento della disponibilità di materiali (ad es. nutrienti e ossigeno), delle condizioni (ad es. pH e umidità) e dei microrganismi prevalenti. Di conseguenza, il biorisanamento prevede l'uso di fertilizzanti azotati e fosforici, la regolazione del pH e del contenuto di acqua, l'insufflazione di aria e l'aggiunta di batteri. L'aggiunta di emulsionanti è vantaggiosa quando la crescita batterica è lenta (ad es. a temperature basse o in presenza di alte concentrazioni di composto inquinante) o ancora quando gli inquinanti sono composti difficili da degradare (ad es. PAH).

I bioemulsionanti possono essere applicati come tali quali additivi per stimolare il processo di biorisanamento oppure si può aumentarne la concentrazione aggiungendo batteri in grado di produrne in grandi quantità. Quest'ultimo approccio è stato recentemente usato con successo in culture di *A. radioresistens* (Navon Venezia *et al.*, 1995) capaci di sovra-produrre il bioemulsionante alasan ma incapaci di usare gli idrocarburi come fonte di carbonio ed aggiunte ad una miscela di batteri petrolio-degradativi al fine di migliorare il biorisanamento. In natura, i batteri che sovra-producono i bioemulsionanti possono partecipare alla degradazione del petrolio o far parte di un consorzio batterico, fornendo così l'emulsionante ai batteri degradativi. In quest'ultimo caso il bioemulsionante può diffondere nel suolo o essere trasferito ad altri batteri a stretto contatto, come nei biofilm. Altre volte, si è verificato il trasferimento orizzontale dei geni coinvolti nella sintesi della capsula polisaccaridica di una specie batterica in un'altra specie, che ha dato origine nei batteri riceventi ad una capsula polisaccaridica emulsionante (Osterreicher-Ravid *et al.*, 2000). L'ottimizzazione di questi processi potrebbe continuare con la selezione dei migliori microrganismi in grado di degradare il petrolio, dei biosurfattanti più appropriati e dei migliori produttori di bioemulsionanti.

Biorisanamento *ex situ*

I programmi di sperimentazione sono mirati soprattutto al trattamento di idrocarburi clorurati:

- nei terreni on-site con un impianto pilota
- nei terreni *in situ* in un campo prove
- nelle acque di falda in un impianto pilota
- nell'aria aspirata da un sistema di soil venting in un impianto pilota

Il trattamento dei terreni on-site è solitamente effettuato in bioreattori con stadi sequenziali anaerobico / aerobico. I diversi lotti di terreno hanno una massa di circa 50 tonnellate cadauna. Il periodo di trattamento per ogni lotto è pari a circa. 12 settimane, di cui 2 settimane per il pretrattamento, otto settimane per lo stadio anaerobico e due settimane per lo stadio aerobico. I vapori contaminati durante il trattamento sono aspirati e trattati in un biofiltro. Tutte le fasi di trattamento prevedono un intenso programma di monitoraggio.

Biorisanamento intrinseco

Negli anni passati, si è verificata un grande progresso delle tecnologie riguardanti il biorisanamento intrinseco. Lo studio dei processi di biorisanamento intrinseco ha l'obiettivo di determinare il destino dei contaminanti nelle acque freatiche e di valutare l'effetto della contaminazione in qualsiasi potenziale recettore. Per raggiungere questo traguardo, deve essere provata la presenza dei processi degradativi dei contaminanti naturali e deve essere stimato l'effetto di questi processi sul trasporto dei contaminanti. I processi che causano la diminuzione dei livelli di contaminanti nelle falde acquifere includono l'assorbimento, la diluizione, la volatilizzazione, e le reazioni biologiche e geochimiche.

Il biorisanamento intrinseco è stato applicato con successo alle perdite di carburante in ambienti acquatici e terrestri. Durante la caratterizzazione del sito, sono analizzati campioni del suolo e delle acque freatiche per determinare l'estensione spaziale della contaminazione. Si procede poi alla misurazione degli indicatori di attività microbica, tra cui ossigeno disciolto, nitrati, nitriti, solfati, solfuri, Fe^{2+}, Mn^{2+}, anidride carbonica e metano, come anche i valori di pH e alcalinità. Utilizzando questi dati, si disegnano mappe per determinare modelli che indichino la degradazione biologica degli idrocarburi. Per esempio, una concentrazione di ossigeno disciolto sotto i livelli basali indica un'attività biodegradativa. Allo stesso modo, concentrazioni di accettori di elettroni in condizioni anaerobie sotto i livelli basali e l'aumento di sottoprodotti anaerobici in aree interessate da contaminazione da carburante indicano una degradazione anaerobica. Questi dati sono usati in via preliminare per determinare il massimo potenziale per la distruzione dei contaminanti. Se la capacità biodegradativa della falda non è sufficiente per la massima concentrazione di idrocarburi, allora è necessario adottare altre strategie. I risultati dagli studi di caratterizzazione possono essere poi usati per costruire un modello concettuale del sito che serva come base per simulazioni predittive del destino e del trasporto dei contaminanti. Sulla base delle previsioni della migrazione dei contaminanti, possono essere valutate l'esposizione e il rischio per la salute a potenziali recettori. Se esiste la possibilità che si verifichi un rischio per il recettore, è necessario utilizzare altri rimedi. Se invece il rischio per il recettore è accettabile, può essere attuata una strategia di monitoraggio che confermi la diminuzione continua.

Queste metodologie sono state applicate alla contaminazione da benzene, toluene, etilbenzene, *orto*-xilene, *meta*-xilene e *para*-xilene in acque freatiche con infiltrazioni di petrolio e lubrificanti (Wiedemeier *et al.*, 1994) e hanno spesso messo in evidenza che gli acquiferi hanno spesso la potenzialità di degradare tutti i contaminati sopra elencati nel giro di un anno. In realtà, per valutare l'entità dei processi biodegradativi dovrebbe essere valutato il bilancio di massa del contaminante. Questa informazione potrebbe essere fornita sia da studi in laboratorio sia usando in campo esperimenti di rilascio di traccianti condotti in punti disposti lungo i principali gradienti del flusso delle acque freatiche. Un'analisi del genere, usando lo ione cloruro come tracciante, è stata applicata per stimare la diminuzione le perdite di contaminanti dalle discariche di rifiuti. E' necessario, infine, tener conto del fatto che la capacità ferro-riduttiva dell'acquifero è espressa come la concentrazione massima di Fe^{2+} disciolto nel sito contaminato. Questa affermazione molto probabilmente sottostima la capacità di riduzione del ferro perché è stato mostrato che meno del 50% di Fe^{2+} totale nelle acque freatiche può essere associate con i sedimenti (Albrechtsen *et al.*, 1995).

Conclusioni

Il biorisanamento è una tecnologia in corso di sviluppo. Una delle maggiori difficoltà è che il biorisanamento è condotto in ambienti naturali, i quali contengono molti organismi non ancora caratterizzati. Un altro impedimento alle tecniche di biorisanamento consiste nel fatto che non si verificano quasi mai due problemi ambientali in condizioni completamente identiche: solitamente, infatti, il tipo e la quantità di inquinanti, le condizioni climatiche e le dinamiche idrogeochimiche sono sempre diverse. Fortunatamente, le informazioni sulle popolazioni microbiche d'interesse per il biorisanamento aumentano rapidamente grazie all'ausilio di approcci ecologici molecolari. Un elemento importante nella progettazione di organismi con nuove vie metaboliche sarebbe la creazione di una banca di geni codificanti enzimi utili a vasta specificità o di segmenti di vie metaboliche che possono essere combinate a piacimento per generare attività nuove o migliorate. Usando inoltre geni codificanti la via metabolica di biosurfattanti si può aumentare il tasso di biodegradazione mediante l'accresciuta biodisponibilità dei substrati. Infine, i geni codificanti la resistenza a fattori di stress potrebbero aumentare sia la sopravvivenza che la catalisi dei microrganismi degradativi.

Sebbene la nostra comprensione non sia ancora completa, è il momento di adottare nuovi approcci per studiare la fisiologia e la genetica delle popolazioni batteriche coinvolte. Ancora più importante sarebbe individuare gli aspetti generali di certi di tipi di biorisanamento. A questo scopo, la costruzione di un database che raccolga i risultati finora ottenuti in siti contaminati e decontaminati potrebbe facilitare gli sviluppi futuri in questo campo.

Bibliografia

Abd El Haleem D, von Wintzingerode F, Moter A, Moawad H, Gobel UB (2000) Phylogenetic analysis of rhizosphere-associated β-subclass proteobacterial ammonia oxidizers in a municipal wastewater treatment plant based on rhizoremediation technology. Lett Appl Microbiol 31: 34-38

Albrechtsen H, Heron G, Christensen T (1995) Limiting factors for microbial Fe(lll)-reductlon In a landfill leachate polluted aquifer (Vejen, Denmark). FEMS Microbio/Eco/1995 16: 233-248

Balba MT, Al-Awadhi N, Al-Daher R (1998) Bioremediation of oil-contaminated soil: microbiological methods for feasibility assessment and field evaluation. Journal of Microbiological Methods 32: 155-164

Blackburn JW, Hafker WR (1993) The impact of biochemistry, bioavilability, and bioactivity on the selection of bioremediation technologies. TIB Tech. 11: 328-333

Boon N, Goris J, De Vos P, Verstraete W, Top EM (2000) Bioaugmentation of activated sludge by an indigenous 3-chloroaniline-degrading *Comamonas testosteroni* strain, I2gfp. Appl Environ Microbiol 66: 2906-2913

Boopathy R (2000) Factors limiting bioremediation technologies. Bioresource Technology 74: 63-67

Boopathy R, Manning J (1998) A laboratory study of the bioremediation of 2,4,6-trinitrotoluene-contaminated soil using aerobic anaerobic soil slurry reactor. Water Environ Res 70: 80-86

Bregnard TPA, Höhener P, Häner A, Zeyer J (1996) Degradation of weathered diesel fuel by microorganisms from a contaminated aquifer in aerobic and anaerobic microcosms. Environ Tox Chem 15: 299-307

Caldwell ME, Garrett RM, Prince RC, Suflita JM (1998) Anaerobic biodegradation of long-chain *n*-alkanes under sulphate-reducing conditions. Environ Sci Technol 32: 2191-2195

Chang YJ, Stephen JR, Richter AP, Venosa AD, Bruggemann J, MacNaughton SJ, Kowalchuk GA, Haines JR, Kline E, White DC (2000) Phylogenetic analysis of aerobic freshwater and marine enrichment cultures efficient in hydrocarbon degradation: effect of profiling method. J Microbiol Methods 40: 19-31

Chen F, Gonzàlez JM, Dustman WA, Moran MA, hodson RE (1997) *In situ* reverse transcription, an approach to characterize genetic diversity and activities o prokaryotes. Appl Environ Microbiol 63: 4907-4913

Coates JD, Woodward J, Allen J, Philip P, Lovley DR (1997) Anaerobic degradation of polyciclic aromatic hydrocarbons and alkanes in petroleum-contaminated marine harbour sediments. Appl Environ Microbiol 9: 3589-3593

Cooney JJ, Summers RJ (1976) Hydrocarbon-using microorganisms in three fresh water ecosystems. In: Sharpley, J.M. et al. (Eds.), Proceedings of the Third International Biodegradation Symposium, Applied Sciences, London. Pp. 141-156

Dejonghe W, Goris J, El Fantroussi S, Hofte M, De Vos P, Verstraete W, Top EM (2000) Effect of dissemination of 2,4-dichlorophenoxyacetic acid (2,4-D) degradation plasmids on 2,4-D degradation and on bacterial community structure in two different soil horizons. Appl Environ Microbiol 66: 3297-3304

Edwards EA, Edwards AM, Grbic-Galic D (1994) A method for detection of aromatic metabolites at very low concentrations: application to detection of metabolites of anaerobic toluene degradation. Appl Environ Microbiol 60: 323-327

Eichner CA, Erb RW, Timmis KN, Wagner-Dobler I (1999) Thermal gradient gel electrophoresis analysis of bioprotection from pollutant shocks in the activated sludge microbial community. Appl Environ Microbiol 65: 102-109

Elder DJE, Kelly DJ (1994) The bacterial degradation of benzoic acid and benzenoid compounds under anaerobic conditions: unifying trends and new perspectives. FEMS Microbiol Rev 13: 441-488

Ficker M, Krastel K, Orlicky S, Edwards E (1999) Molecular characterization of a toluene-degrading methanogenic consortium. Appl Environ Microbiol 65: 5576-5585

Friedrich M, Grosser RJ, Kern EA, Inskeep WP, Ward DM (2000) Effect of model sorptive phases on phenanthrene biodegradation: molecular analysis of enrichments and isolates suggests selection based on bioavailability. Appl Environ Microbiol 66: 2703-2710

Fuchs G, Mohamed MES, Altenschmidt U, Koch J, Lack A, Brackmann R, Lochmeyer C, Oswald B (1994) Biochemistry of anaerobic biodegradation of aromatic compounds. In Biochemistry of Microbial Degradation. Edited by Ratledge C. Dordrecht. Kluwer Academic Publishers. Pp. :513-553

Giddings G (1998) The release of genetically engineered microorganisms and viruses into the environment. New Phytol 140: 173-184

Grimberg SJ (1996) Quantifying the biodegradation of phenanthrene by Pseudomonas stutzeri P16 in the presence of a non-ionic surfactant. Appl Environ Microbiol 62: 2387-2392

Gutell RR, Larsen N, Woese CR (1994) Lessons from an evolving rRNA: 16S and 23S rRNA structures from a comparative perspective. Microbiol Rev 58: 10-26

Head IM (1998) Bioremediation: towards a credible technology. Microbiology 144: 599-608

Head IM, Swannell RPJ (1999) Bioremediation of petroleum hydrocarbon contaminants in marine habitats. Current Opinion in Biotechnology 10: 234-239

Holliger C and Zehnder AJB (1996) Anaerobic biodegradation of hydrocarbons. Current Opinion in Biotechnology 7: 326-330

Hooker BS & Skeen RS (1996) Intrinsic bioremediation: an environmental restoration technology. Current Opinion in Biotechnology 7: 317-320

Iwamoto T, Nasu M (2001) Current bioremediation practice and perspective. J Biosci Bioeng 92 (1): 1-8

Iwamoto T, Tani K, Nakamura K, Suzuki Y, Kitagawa M, Eguchi M, Nasu M (2000) Monitoring impact of *in situ* biostimulation treatment on groundwater bacterial community by DGGE. FEMS Microbiol Ecol 32: 129-141

Kanaly RA, Bartha R, Watanabe K, Harayama S (2000) Rapid mineralization of benzo[a]pyrene by a microbial consortium growing on diesel fuel. Appl Environ Microbiol 66: 4205-4211

Kennicutt MC (1988) The effect of biodegradation on crude oil bulk and molecular composition. Oil Chem Pollut 4: 89–112.

Li G, Huang W, Lerner DN, Zhang X (2000) Enrichment of degrading microbes and bioremediation of petrochemical contaminants in polluted soil. Water Research 34 (15): 3845-3853

Lovley DR, Coates JD, Woodward JC, Phillips EIP (1995) Benzene oxidation coupled to sulfate reduction. Appl Environ Microbiol 61: 953-958

MacNaughton SJ, Stephen JR, Venosa AD, Davis GA, Chang YJ, White DC (1999) Microbial population changes during bioremediation of an experimental oil spill. Appl Environ Microbiol 65: 3566-3574

Marcoux J (2000) Optimization of high-molecular-weight polycyclic aromatic hydrocarbons' degradation in a two-liquid-phase bioreactor. J Appl Microbiol 88: 655-662

Myers RM, Fisher SG, Lerman LS, Maniatis T (1985) Nearly all single base substitutions in DNA fragments joined to a GC-clamp can be detected by denaturing gradient gel electrophoresis. Nucleic Acid Res 13: 3131-3145

Nakamura K, Ishida H, Iizumi T, Shibuya K, Okamura K (2000) Quantitative PCR-detection of a phenol-utilizing bacterium, *Ralstonia eutropha* KT-1, injected to a trichloroethylene-contaminated site. Environ Eng Res 37: 267-278

National Academy of Sciences (1985) Oil in the Sea: Inputs, Fates and Effects. Washington DC: National Academy Press.

Osterreicher-Ravid D, Ron EZ, Rosenberg E (2000) Horizontal transfer of an exopolymer complex from one bacterial species to another. Environ Microbiol 2: 366-372

Power M, van der Meer JR, Tchelet R, Egli T, Eggen R (1998) Molecular-based methods can contribute to assessments of toxicological risks and bioremediation strategies. Journal of Microbiol Method 32: 107-119

Pritchard PH, Mueller JG, Rogers JC, Kremer FV, Glaser JA (1992) Oil spill bioremediation: experiences, lessons and results from the Exxon Valdez oil spill in Alaska, Biodegradation 3: 315-335

Rabus R, Nordhaus R, Ludwig W, Widdel F (1993) Complete oxidation of toluene under strictly anoxic conditions by a new sulfate-reducing bacterium. Appl Environ Microbiol 59: 1444-1451

Rabus R, Wilkes H, Schramm A, Harms G, Behrends A, Amann R, Widdel F (1999) Anaerobic utilization of alkylbenzenes and *n*-alkanes from crude oil in an enrichment culture of denitrifying bacteria affiliated with the β-subclass of Proteobacteria. Environ Microbiol 1: 145-157

Radajewski S, Ineson P, Parekh NR, Murrell JC (2000) Stable-isotope probing as a tool in microbial ecology. Nature 403: 646-649

Ron EZ, Rosenberg E (2002) Biosurfactants and oil bioremediation. Current Opinion in Biotechnology 13: 249–252

Rooney-Varga JN, Anderson RT, Fraga JL, Ringelberg D, Lovley DR (1999) Microbial communities associated with anaerobic benzene degradation in a petroleum-contaminated aquifer. Appl Environ Microbiol 65: 3056-3063

Rosenberg E, Gottlieb A, Rosenberg M (1983) Inhibition of bacterial adherence to hydrocarbons and epithelial cells by emulsan. Infect Immun 39: 1024-1028

Rueter P, Rabus R, Wilkes H, Aeckersberg F, Rainey FA, Jannash HW, Widdel F (1994) Anaerobic oxidation of hydrocarbons in crude oil by new times of sulphate-reducing bacteria. Nature 371: 455-458

Salam AA (1996) Remediation and rehabilitation of oil-lake beds. In: Al-Awadhi, N., Balba, M.T., Kamizawa, C. (Eds.), Environmental Disaster, Elsevier, Amsterdam. Pp. 117-139

Sandaa R, Torsvik V, Enger O, Daae FL, Castberg T, Hahn D (1999) Analysis of bacterial communities in heavy metal-contaminated soils at different levels of resolution. FEMS Microbiol *Ecol* 30: 237-251

Sayler GS, Ripp S (2000) Field applications of genetically engineered microorganisms for bioremediation processes. Current Opinion in Biotechnology 11: 286-289

Schocher RJ, Seyfried B, Vazquez F, Zeyer J (1991) Anaerobic degradation of toluene by pure cultures of denitrifying bacteria. Arch Microbiol 157: 7-12

Sekiguchi Y, Kamagata Y, Nakamura K, Ohashi A, Harada H (1999) Fluorescence *in situ* hybridization using 16S rRNA-targeted oligonucleotides reveals localization of methanogens and selected uncultured bacteria in mesophilic and thermophilic sludge granules. Appl Environ Microbiol 65: 1280-1288

Smith VH, Graham DW, Cleland DD (1998) Application of resource-ratio theory to hydrocarbon degradation. Environ Sci Technol 32: 3386-3395

Suga SF, Lindstrom JE (1997) Braddock, Environmental influences on microbial degradation of Exxon Valdez oil on the shorelines of Prince William Sound Alaska. Environ Sci Technol 31 (5) : 1564–1572

Timmis KN, Pieder PH (1999) Bacteria designed for bioremediation. Trends in Biotechnology 17: 201-204

Tros ME, Bosma TNP, Schraa G, Zehnder AJB (1996) Measurements of minimum substrate concentration (Smin) in a recycling fermenter and its prediction from the kinetic parameters of *Pseudomonas* sp. Strain B13 from batch and chemostat cultures. Appl Environ Microbiol 62: 3655-3661

Valls M, Atrian S, de Lorenzo V, Fernandez LA (2000) Engineering a mouse metallothionein on the cell surface of *Ralstonia eutropha* CH34 for immobilization of heavy metals in soil. Nat Biotechnol 18: 661-665

Van Delden C, Pesci EC, Pearson JP, Iglewski BH (1998) Starvation selection restores elastase and rhamnolipid production in a *Pseudomonas aeruginosa* quorum-sensing mutant. Infect Immun 66: 4499-4502.

Varela P, Levicàn G. Rivers F, Jerez CA (1998) An immunological strategy to monitor *in situ* the phosphate starvation state in *Thiobacillus ferroxidans*. Appl Environ Microbiol 64: 4990-4993

Venosa AD, Suidan MT, Wrenn BA, Strohmeier KL, Haines JR, Eberhardt BL, King D, Holder E (1996) Bioremediation of an experimental oil spill on the shoreline of Delaware Bat. Environ Sci Technol 30: 1764-1775.

Vogel TM, Grbic-Galic D (1986) Incorporation of oxygen from water into toluene and benzene during anaerobic fermentative transformation. Appl Envrion Microbiol 52: 200-202

Watanabe K (2001) Microorganisms relevant to bioremediation. Current Opinion in Biotechnology 12: 237-241

Watanabe K, Baker PW (2000) Environmentally relevant microorganisms. J Biosci Bioeng 89:1-11

Whiteley AS, Bailey MJ (2000) Bacterial community structure and physiological state within an industrial phenol bioremediation system. Appl Environ Microbiol 66: 2400-2407

Wiedemeier T, Wilson J, Miller R, Kampbell D (1994) United States Air Force guidelines for successfully supporting intrinsic remedlatlon with an example from Hill Air Force Base. Proceedings of the Petroleum Hydrocarbons Organic Chemicals in Groundwater: Prevention, Detection and Remediation Conference. Houston; National Waste Water Association/American Petroleum Institute. Pp. 317-334

Willumsen PA (2001) Degradation of phenanthrene-analogue azaarenes by Mycobacterium gilvum strain LB307T under aerobic conditions. Appl Microbiol Biotechnol 56: 539-544

Zhang Y, Miller RM (1994) Effect of a *Pseudomonas* rhamnolipid biosurfactant on cell hydrophobicity and biodegradation of octadecane. Appl Environ Microbiol 60: 2101-2106

Zhou J, Fries MR, Chee-Sanford JC, Tiedje JM (1995) Phylogenetic nalyses of a new group of denitrifiers capable of anaerobic growth on toluene and description of *Azoarcus tolulyticus* sp. nov. Int J Sys Bacteriol 45: 500-506